Dattatraya V. Harpale

Desenvolvimento do turismo de fortes no distrito de Nashik, Maharashtra, Índia

Dattatraya V. Harpale

Desenvolvimento do turismo de fortes no distrito de Nashik, Maharashtra, Índia

Potencial turístico dos fortes em Nashik Maharashtra com a ajuda de um sistema de informação geográfica

ScienciaScripts

Imprint

Any brand names and product names mentioned in this book are subject to trademark, brand or patent protection and are trademarks or registered trademarks of their respective holders. The use of brand names, product names, common names, trade names, product descriptions etc. even without a particular marking in this work is in no way to be construed to mean that such names may be regarded as unrestricted in respect of trademark and brand protection legislation and could thus be used by anyone.

Cover image: www.ingimage.com

This book is a translation from the original published under ISBN 978-620-2-31804-4.

Publisher:
Sciencia Scripts
is a trademark of
Dodo Books Indian Ocean Ltd. and OmniScriptum S.R.L publishing group

120 High Road, East Finchley, London, N2 9ED, United Kingdom
Str. Armeneasca 28/1, office 1, Chisinau MD-2012, Republic of Moldova, Europe
Printed at: see last page
ISBN: 978-620-8-03165-7

RECONHECIMENTO

I am deeply grateful to Gokhale Education Society Nashik, honorable Sir. Dr. M.S. Gosavi, Secretário da G. E. Society, e à Dra. Deepti Deshpande, Diretora da HRDC, por me terem proporcionado a oportunidade de concluir o meu trabalho de investigação, pelo interesse, apoio financeiro, encorajamento e aprovação administrativa que me concederam para este trabalho de investigação.

V. N. Suryavanshi, HPT Arts and RYK Science College, Nashik, que me prestou a sua estimada cooperação, sem a qual o presente trabalho não teria sido concluído. Expresso os meus sinceros agradecimentos aos Vice-Diretores Dr. M. Deshpande e Dr. V. Bhargave pelo seu apoio infalível durante o meu trabalho de investigação. Estou grato ao Diretor do Departamento de Geografia, Dr. Pramodkumar S. Hire, e a todo o pessoal docente e não docente por terem disponibilizado as instalações necessárias para o trabalho de investigação.

Durante todo o curso deste trabalho, o apoio moral constante e os conselhos oportunos dos meus amigos da família, como o Dr. Ramdas Bhong, a Srta. Manisha Dongade, o Sr. Akshay Sharma e todos os estudantes de pós-graduação em geografia e de licenciatura em gestão de viagens e turismo para qualquer tipo de ajuda.

Os meus sinceros e sentidos agradecimentos a vários departamentos como a Biblioteca HPT Arts e RYK Science College Nashik, Biblioteca Jaykar Savitribai Phule University of Pune por me terem facilitado o acesso a vários livros, recolha de dados, referências e trabalho de campo durante a minha investigação. Aproveito a oportunidade para registar a minha gratidão intelectual aos académicos cujos materiais me serviram de inspiração em diferentes fases. Estou igualmente grato às pessoas, aos turistas que forneceram informações em primeira mão sobre o terreno, ao Departamento de Turismo de Nashik e ao Gabinete Regional do MTDC de Nashik.

Sinto-me honrado em expressar o meu profundo sentimento de gratidão para com os membros da minha família, a minha mulher, a Dra. Smita Harpale e a minha filha Swarali Harpale, o meu pai, o Sr. Vilas Harpale, a minha mãe, a Sra. Pavitrbai Harpale, o meu sogro, o Prof.

Por último, gostaria de expressar a minha gratidão a todos aqueles que me ajudaram direta ou indiretamente na realização deste trabalho.

<Dr. <Dattatraya V. HarpaCe

ÍNDICE

CAPÍTULO 1
INTRODUÇÃO

1.1 Introdução

O turismo é um dos maiores e mais rápidos sectores de atividade do mundo, contribuindo com mais de dez por cento para o PIB global e gerando emprego para 200 milhões de pessoas, de acordo com a investigação anual do Conselho Mundial de Viagens e Turismo (WTTC), Ake (2001). A tecnologia desempenha um papel fundamental no turismo e é crucial para a expansão do sector. As tecnologias da informação e o turismo são dois dos factores mais dinâmicos da economia global emergente. Tanto o turismo como as TI oferecem cada vez mais oportunidades estratégicas e instrumentos poderosos para o crescimento económico, a redistribuição da riqueza e o desenvolvimento da equidade em todo o mundo.

As aplicações do SIG no planeamento do ecoturismo mostram que o SIG é uma ferramenta forte e eficaz que pode ajudar no planeamento do turismo e na tomada de decisões. O poder do SIG não reside apenas na capacidade de visualizar as relações espaciais, mas também para além do espaço, numa visão holística do mundo com as suas muitas componentes interligadas e relações complexas. Até à data, as aplicações dos SIG no ecoturismo têm-se limitado ao inventário de instalações recreativas (Nedovic-Budic et al., 1999), à gestão das terras com base no turismo (Feick e Hall, 2000), à avaliação do impacto dos visitantes (Nepal, 1999), aos conflitos entre recreio e vida selvagem, à cartografia das percepções da natureza selvagem (Carver, 1995), ao sistema de gestão da informação turística (Kilical e Kilical, 2001) e aos sistemas de apoio à decisão (Ministry of Sustainable Research

Management/Government of British Columbia, 2002). Pode considerar-se que os SIG fornecem uma caixa de ferramentas de técnicas e tecnologias de grande aplicabilidade para a promoção e o desenvolvimento do turismo sustentável.

O distrito de Nashik tem uma série de locais turísticos conhecidos e desconhecidos. Estes locais conhecidos têm de ser identificados para que se possa planear adequadamente o seu desenvolvimento do ponto de vista turístico. Os métodos tradicionais de desenvolvimento e planeamento de locais turísticos podem ser substituídos pela técnica GIS, para o distrito de Nashik de Maharashtra. Após a revolução no sector das tecnologias da informação, o sector do turismo foi impulsionado do seu estatuto económico inferior para o negócio mais comercializado. A preparação de novos mapas turísticos, a atualização da base de dados e a publicidade dos locais turísticos são alguns dos últimos avanços no estudo do desenvolvimento do turismo que tem vindo a ser feito através do SIG.

1.2 Importância do estudo

O turismo tem sido considerado como uma proposta económica na Índia e tem um papel distinto a desempenhar como indústria. O turismo tem um futuro brilhante a nível local, nacional e internacional como uma indústria promissora. O governo e as suas agências, bem como as unidades do sector privado e os particulares, estão a tomar várias medidas para promover o turismo. A promoção do turismo pode contribuir imensamente para a nossa economia. Durante muitos anos, o turismo foi negligenciado a vários níveis, mas hoje em dia estão a ser feitos esforços concentrados para melhorar a posição e o nível do turismo e também para benefício social das pessoas.

O distrito de Nashik é muito rico em termos de paisagem, base espiritual e cultura. A indústria do ecoturismo mudará o futuro do distrito e melhorará o seu estatuto social, cultural e económico; este foi o principal motivo que levou à seleção desta área de estudo. No mundo atual em rápida evolução, o SIG é a melhor ferramenta para recolher e fornecer informações. Isto ajudará certamente a desenvolver o sector do turismo. Por conseguinte, é necessário utilizar a técnica SIG para o desenvolvimento do sistema de informação turística. Utilizando a geoinformática, o modelo pode ser desenvolvido para dar orientações e recomendações para um planeamento e uma gestão mais rentáveis no distrito. O campo da Geoinformática está a espalhar-se muito rapidamente em várias áreas do Governo e do sector privado. Embora seja uma técnica nova, tem um estatuto de indústria em crescimento no país. O SIG fornece um conjunto de dados atempado com uma imagem real da área. A Agência Nacional de Deteção Remota (NRSA), Departamento do Espaço, Governo da Índia, está continuamente a fazer investigação para uma gestão adequada dos recursos e planeamento da área.

1.3 Área de estudo

O distrito tem um vasto e rico potencial de recursos turísticos de diferentes origens culturais em todos os seus 15 tahsils. O distrito de Nashik situa-se entre 19°35'18" N e 20°53'07" N de latitude e 73°16'07" E e 74°56'27" E de longitude, com uma área de 15530 km^2 . Nashik é limitada a noroeste pelo Estado de Gujarat, a norte pelo distrito de Dhulia, a leste pelo distrito de Jalgaon e Aurangabad, a sul pelo distrito de Ahmadnagar e a sudoeste pelo distrito de Thane. A cidade está situada nos nove picos ou navashikhara.

1.4 Objectivos

Os principais objectivos do estudo proposto seriam investigar as realidades do terreno e preparar uma base de dados para o distrito de Nashik do Estado de Maharashtra e gerar mapas de fácil utilização utilizando a geoinformática, que podem ser úteis mesmo para um homem comum. Os objectivos de apoio são:

> Estudar o perfil ambiental da área de estudo com a ajuda do SIG.
> Recolher as informações sobre os fortes existentes na zona de estudo.

> Identificar e examinar o potencial turístico dos fortes na área de estudo com base na localização geográfica, no contexto histórico e nas infra-estruturas de transporte, comunicação, alojamento e alojamento disponíveis para o turismo.

> Sugerir recomendações para o desenvolvimento da atividade turística em locais fortes importantes.

> Preparar novos mapas turísticos da área de estudo com um sistema de informação turística adequado e atualizado com a ajuda da técnica SIG.

1.5 METODOLOGIA E BASE DE DADOS

A importância do estudo reside no facto de se poder dar a devida atenção aos dados primários. O investigador recolheu os dados visitando os centros de atração turística durante o trabalho de campo. Os dados primários relativos às utilizações e comodidades públicas foram recolhidos através de um questionário. Para obter as informações autênticas e fiáveis propostas durante o trabalho de campo, foram também realizadas entrevistas com a população local.

Para identificar e inventariar as paisagens naturais e os locais de lazer foi utilizada uma máquina fotográfica e foram tiradas algumas fotografias. Todos os dados recolhidos são finalmente classificados, tabulados e, através da aplicação de várias técnicas cartográficas e estatísticas, apresentados sob a forma de diagramas, quadros, gráficos e mapas, etc. Para a elaboração do mapa do sistema de informação turística, foi adoptada a seguinte metodologia

Fase I - Pré-trabalho de campo (recolha de dados)

a) Dados primários

1 Preparação do questionário e inquérito.
2 Informação Preparação e levantamento do inventário.

b) Dados secundários - Os dados secundários foram recolhidos junto de agências governamentais e não governamentais, literatura, informações disponíveis em locais turísticos, etc.

<u>Fase II - Trabalho de campo</u>

1. Visita aos diferentes fortes.
2. Visita a vários institutos e bibliotecas.
3. Realização de um inquérito por questionário e de um inventário dos fortes.

<u>Fase III - Pós-trabalho de campo (trabalho de laboratório)</u>

1. Elaboração do mapa de base a partir de toposheets à escala 1: 50000.
2. Digitalização de mapas.
3. Digitalização de várias camadas, ou seja, curvas de nível, drenagem, vegetação, reservatórios, rede de transportes, povoações, locais turísticos, etc.
4. Geração de DEM a partir de dados SRTM.
5. Análise dos dados através da utilização de métodos estatísticos adequados.
6. Representação cartográfica dos dados.

1.6 Revisão da literatura

O turismo e as actividades recreativas como campo de estudo geográfico foram introduzidos na Índia bastante tarde. Por conseguinte, a literatura sobre os vários aspectos do turismo é bastante escassa. Muitos académicos escreveram livros que tratam de várias questões relacionadas com o turismo.

Anantdrao S. Patil (2012)'Potential for adventure tourism in Satara District A case study of Forts in Satara (Maharashtra)' publicado no International Referred Research Journal, Jan. 2012 ISSN 0975-3486 Vol III Issue 28 ilustrou que o turismo é uma indústria de serviços em constante expansão com um vasto potencial de crescimento latente. Afirmou que Satara é um dos distritos importantes de Maharashtra com elevado potencial para o turismo de aventura. O estudo fez uma tentativa de identificar o destino turístico do turismo de aventura e o seu potencial para o turismo de aventura no distrito de Satara.

Balcar M. e Pierce G. (1996) sugeriram que está a ser utilizada uma vasta gama de conceitos e definições para explicar o termo. heritage'. Os autores explicam uma série de teorias e estudos de caso. No entanto, existe pouco acordo específico sobre o que é o turismo patrimonial. Muitos estudiosos deram várias definições sobre o que é o turismo cultural e o que é o turismo patrimonial. No entanto, o turismo cultural pode ser utilizado para designar os locais e edifícios históricos e o artesanato, etc., mas também o ambiente circundante no destino e as suas instalações devem fazer parte da experiência do turismo patrimonial.

D.V. Harpale (2009), intitulada "New Tourist Centers And Their Site Suitable, A Case Study Of Pune District, Maharashtra State", ocupa-se do estudo da preparação de um sistema de informação turística para todos os locais turísticos do distrito de Pune.

Hall e Brown (2000) O ecoturismo é um instrumento de proteção da natureza e garante benefícios económicos sustentáveis para as populações locais.

K.K. Sharma (2004) escreveu um livro intitulado "Tourism and Regional Development" (Turismo e Desenvolvimento Regional), um estudo que tem servido de orientação para o desenvolvimento do turismo urbano e rural.

Outro tipo de literatura informativa, revistas sobre turismo, anais de turismo, revistas de investigação sobre viagens e alguns trabalhos de investigação sobre geografia do turismo publicados nas revistas geográficas nacionais da Índia (BHU), estatísticas turísticas do Governo da Índia, relatórios anuais do departamento de turismo, relatórios anuais do ITDC e do MTDC, etc. Todos os trabalhos de investigação acima mencionados na Índia foram muito úteis no domínio dos novos centros turísticos e do seu local adequado.

Rai S.C. (1998) escreveu um livro importante intitulado "Hill Tourism: Planning and Development" (estudo baseado em Kuman on Himalayan). O livro apresenta um estudo exaustivo do desenvolvimento do turismo e do planeamento para a utilização sustentável dos recursos turísticos recreativos na região montanhosa dos Himalaias. Foi feita uma tentativa de compreender o processo de desenvolvimento turístico através da análise de alguns estudos de caso e de descobrir o potencial e o planeamento de diferentes centros turísticos.

Rakesh V. Patil (2011) 'Ecotourism potential of Salher Fort Nashik District' by Mr. in Researchers World Journal of Arts, Science and Commerce E-ISSN2229-4686 ISSN 2231-4172 Vol. II Issue 4 Oct. 2011(135) estudou o Forte Salher em Nashik como potencial de ecoturismo. Estudou as caraterísticas físicas e biológicas da área de estudo e descobriu o papel do turismo sustentável e do desenvolvimento amigo do ambiente dos intervenientes. No presente artigo, tentou expor as potencialidades ecoturísticas do Forte Salher.

Robinson H. (1976), no seu livro intitulado "Geography of Tourism", salientou a importância das componentes geográficas com o estudo científico dos aspectos geográficos.

Stephen L. J. e Smith (1989) "Tourism Analysis", que trata de diferentes métodos de seleção de um local para o desenvolvimento do turismo.

Subhash N. Nikam (2003) apresentou no seu trabalho de investigação "Potential and Prospects for Tourism Development in Nashik District". A sua tentativa foi feita para compreender o desenvolvimento do turismo, considerando quatro estudos de caso e descobrir o potencial e as perspectivas de planeamento em diferentes destinos no distrito.

CAPÍTULO 2
PERFIL DA REGIÃO

2.1 INTRODUÇÃO

O conhecimento da fisiografia e dos aspectos conexos da geografia é essencial não só para apreender os factos geográficos da região, mas também para compreender as suas potencialidades em termos de recursos turísticos. Naturalmente, o estudo aborda a região, o relevo, o clima, os recursos hídricos, a flora e a fauna em relação ao desenvolvimento turístico da região.

Tal como foi referido no capítulo anterior, muitos estudiosos (Robinson H. 1976, Defert 1966, Bhatia 1986, Rai S. 1998 e Sharma K. 2004) consideram que a fisiografia, o clima, o solo, a vegetação e outros factores naturais regem direta ou indiretamente a distribuição espácio-temporal em relação ao desenvolvimento do turismo. Por conseguinte, neste capítulo, é apresentada uma descrição pormenorizada da área de estudo, a sua localização e extensão, a estrutura administrativa, a fisiografia, a geologia, o sistema de drenagem, o clima, a vegetação, o solo, a população e o abastecimento de água do distrito.

2.2 LOCALIZAÇÃO E EXTENSÃO

O distrito tem um vasto e rico potencial de recursos turísticos de diferentes origens culturais em todos os seus 15 tahsils (*Fig. 2.1*). O distrito de Nashik situa-se entre 19°35'18" N e 20°53'07" N de latitude e 73°16'07" E e 74°56'27" E de longitude, com uma área de 15530 km^2 . Nashik é limitada a noroeste pelo Estado de Gujarat, a norte pelo distrito de Dhulia, a leste pelo distrito de Jalgaon e Aurangabad, a sul pelo distrito de Ahmadnagar e a sudoeste pelo distrito de Thane. A cidade está situada nos nove picos ou navashikhara e daí o seu nome. O distrito de Nashik inclui 15 Talukas.

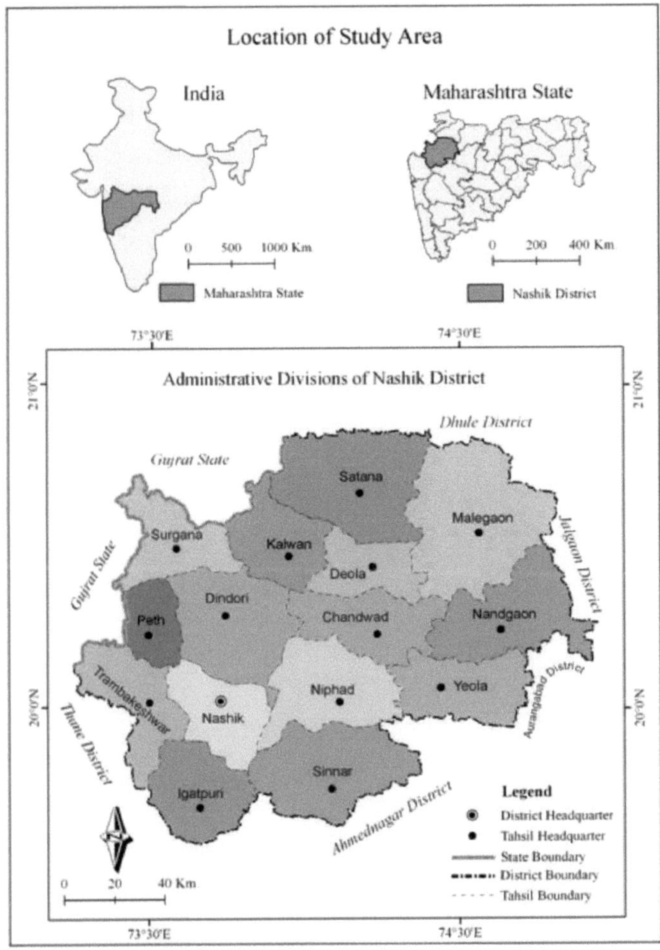

Fig. 2.1

2.3 INSTALAÇÃO ADMINISTRATIVA

Para efeitos administrativos, o distrito está dividido em três subdivisões: Nashik, Niphad e Malegaon, que abrangem todos os tahasils.

Quadro 2.1: Unidades administrativas do distrito de Nashik.

Sr. No	Name of Sub-division	Name of Tahasil	Area Km^2	No. of Villages	No. of Towns
1	Nashik	1. Nashik	807.6	73	7
		2. Dindori	1320.0	157	0
		3. Igatpuri	854.1	117	2
		4.Tribakeshwar	854.3	125	1
		5.Peth	559.1	145	0
		6.Surgana	838.6	190	1
		7. Kalvan	869.7	152	0
2	Niphad	1. Niphad	1056.0	134	3
		2. Sinnar	1351.1	129	1
		3. Chandvad	962.9	111	1
		4.Yeola	1071.6	124	1
3	Malegaon	1. Malegaon	1832.5	143	5
		2. Nandagaon	1102.6	100	2
		3. Satana	1475.3	169	1
		4. Deola	574.6	50	0
Total			**15530**	**1919**	**25**

(Source: Socio-economic abstract 2013-14)

De acordo com o censo de 2011, existem 25 cidades e 1919 aldeias no distrito (*Tabal 2.1 e Fig. 2.2*).

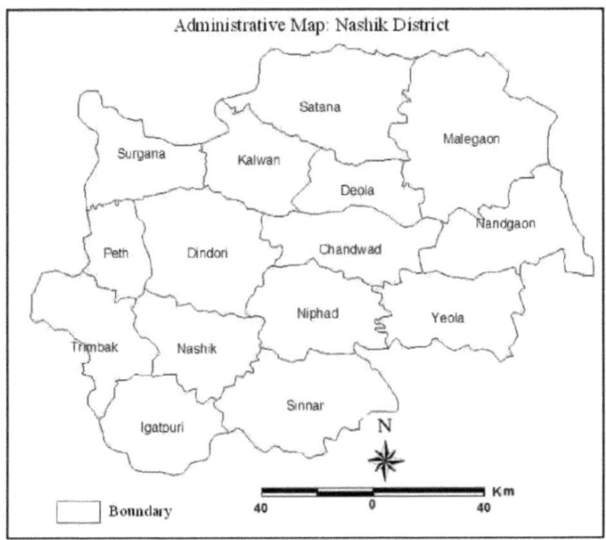

Fig. 2.2

2.4 FISIOGRAFIA

Fisiograficamente, a parte ocidental do distrito é representada por um terreno altamente acidentado e dissecado dos Ghats Ocidentais, com picos como Kalsubai (1646 m) e Trimbak (1294 m). As planícies de baixa altitude marcam a parte oriental do sul. A elevação mais alta do distrito é de 1567 metros perto do forte de Salher e a elevação mais baixa de 454 metros acima do nível do mar é observada a sul de Bhruj. Os rios Godavari e Girna, que correm para leste, com os seus afluentes, constituem o principal sistema de drenagem do distrito, que pode ser dividido em três grandes regiões geográficas: o território de Downghat Konkan, a bacia de Girna e a bacia de Godavari (*Fig. 2.3, 2.4, 2.5, 2.6, 2.7, 2.8 e 2.9*).

1) Zona do Konkan de Downghat (zonas montanhosas): A região dissecada que se situa a oeste da orla de Sahyadri do planalto de Deccan no distrito tem a natureza do Konkan e pode ser descrita como zona de downghat Konkan. A altitude geral desta região varia entre 900 e 1200 m, começando a parte mais elevada perto da fronteira ocidental do distrito. Trata-se de uma série de vales e interflúvios resultantes da dissecação por cursos de água que correm em leitos muito profundos. As colinas são, em muitos casos, mais altas do que as da borda do planalto dos Sahyadris, o que por si só é uma evidência do recuo da bacia hidrográfica para leste, mas a elevação geral é cerca de 200 metros abaixo dos níveis da borda do planalto. Esta parte montanhosa pode ser classificada em quatro sub-regiões. Esta porção montanhosa pode ainda ser dividida em quatro sub-regiões.

a) As colinas de Galan e a cordilheira de Selbari: A norte do distrito de Nashik, as colinas e cadeias de montanhas formam a fronteira entre o estado de Gujarat, a noroeste, e o distrito de Dhule, a norte. Estas colinas ocupam os tahasils de Kalvan e Satanas do distrito. A altura desta cordilheira é de cerca de 1300 m a oeste e desce até 710 m a leste, no forte de Galan. O Mangi-Tungi é o pico mais alto desta cordilheira, com 1331 m de altitude. A passagem de Selbari situa-se a leste deste pico, que liga os distritos de Nashik e Dhule por estrada. A sul desta cordilheira encontra-se outra cordilheira paralela, designada por cordilheira Salher-Mulher. Para além disso, há uma colina dispersa chamada Dholibari.

b) A cordilheira de Satmala-Chandwad: A cordilheira de Satmala-Chandwad atravessa o distrito na direção este-sudeste. Distingue-se das restantes montanhas do norte pelo número e forma dos seus picos e pela ausência de cumes planos. Estes picos são visíveis de quase todas as partes do distrito e constituem um marco proeminente. O mais alto deles é o Dhodap (1451 m). Os outros incluem o bem conhecido Saptashring (1420), Indrai (1410 m) e Chandwad (1217 m). Mais para sudeste, encontram-se os fortes gémeos de Anki-Tanki, com uma altitude de 960 m. Esta cordilheira é altamente dissecada pelo trabalho de um grande número de riachos e pela sua erosão frontal

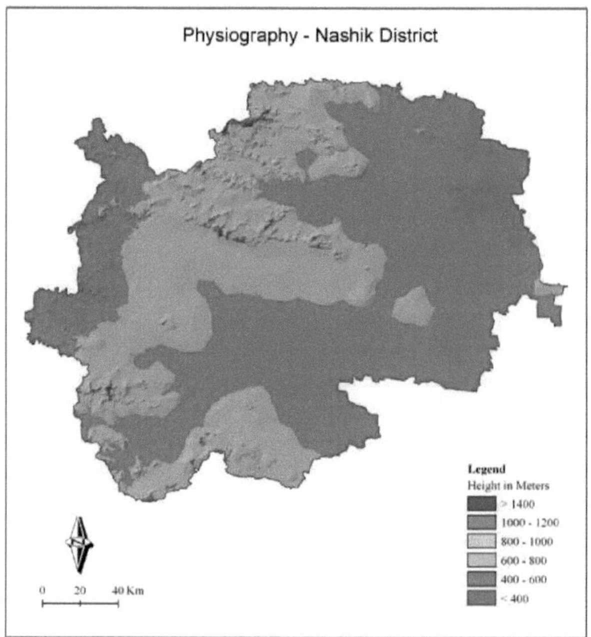

Fig. 2.3

Contour Map of Nashik District
Contour Interval = 50m
N
Km
40
0
40

Fig. 2.4

Topographical Map
Satana
Malegaon
Surgana
Kalwan
Deola
Nandgaon
Peth
Dindori
Chandwad
Niphad
Yeola
Trimbak
Nashik
Sinnar
Igatpuri
N
Km
40
0
40

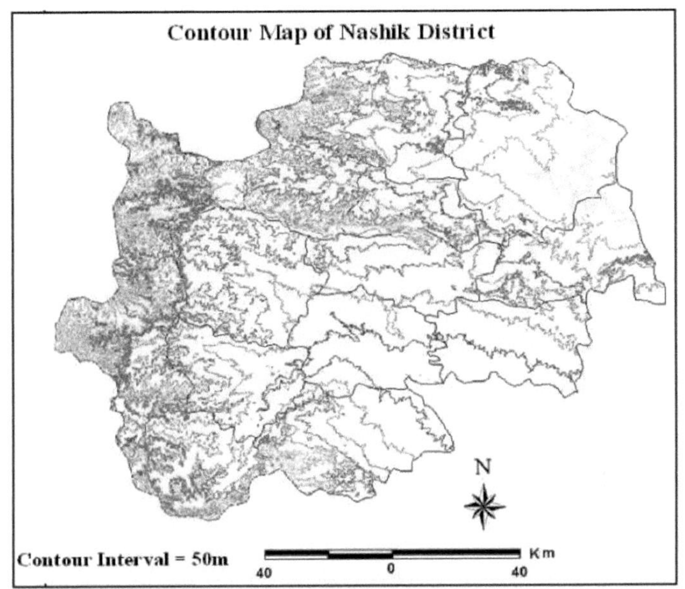

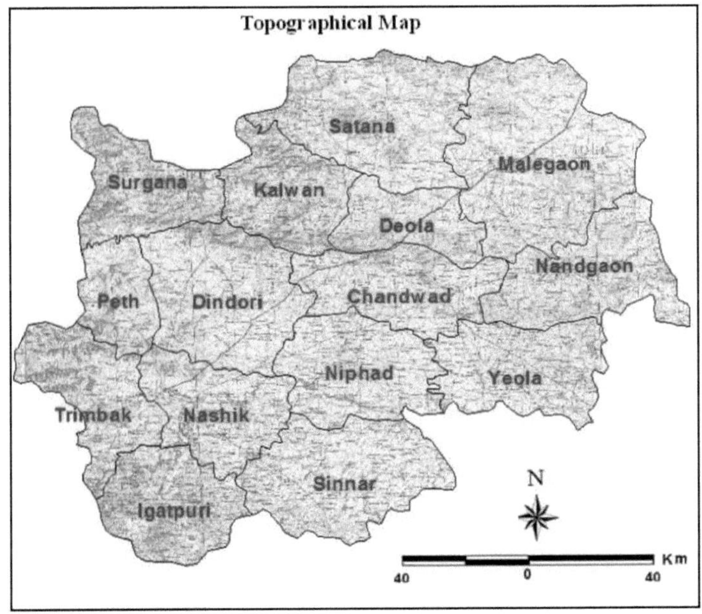

Fig. 2.5

Shaded Relief Map
Elevation in m
1500.00
1400.00
1300.00
1200.00
1100.00
1000.00
900.00
800.00
700.00
600.00
500.00
400.00
300.00
200.00
100.00
N
Km
40   0   40

Fig. 2.6

Shaded Relief Map
Elevation in m
1500.00
1400.00
1300.00
1200.00
1100.00
1000.00
900.00
800.00
700.00
600.00
500.00
400.00
300.00
200.00
100.00
0.00
N
0   40 Km

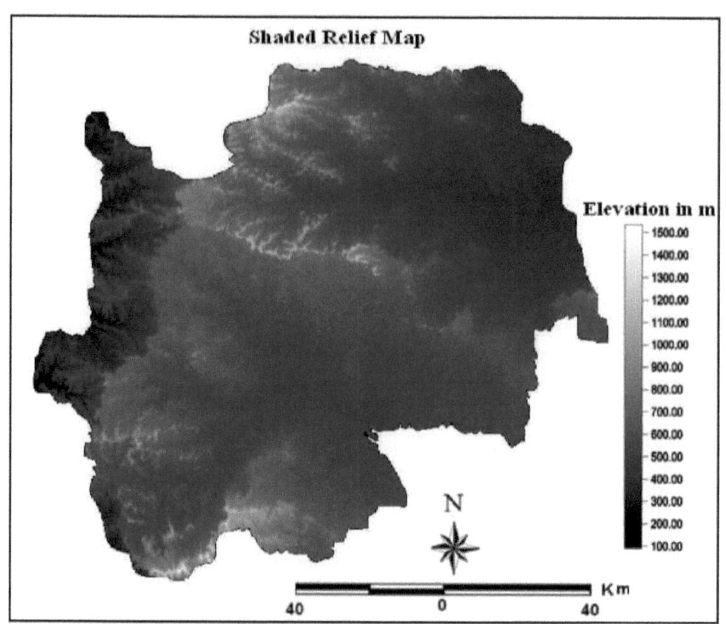

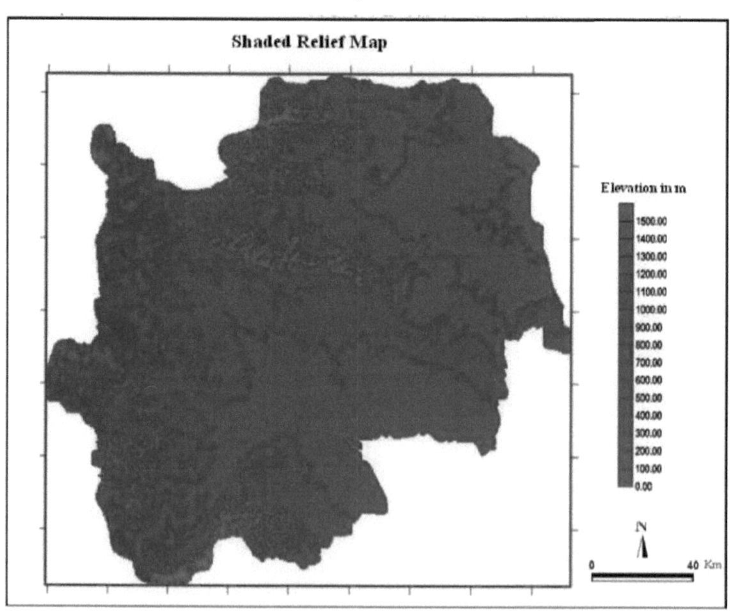

Fig. 2.7

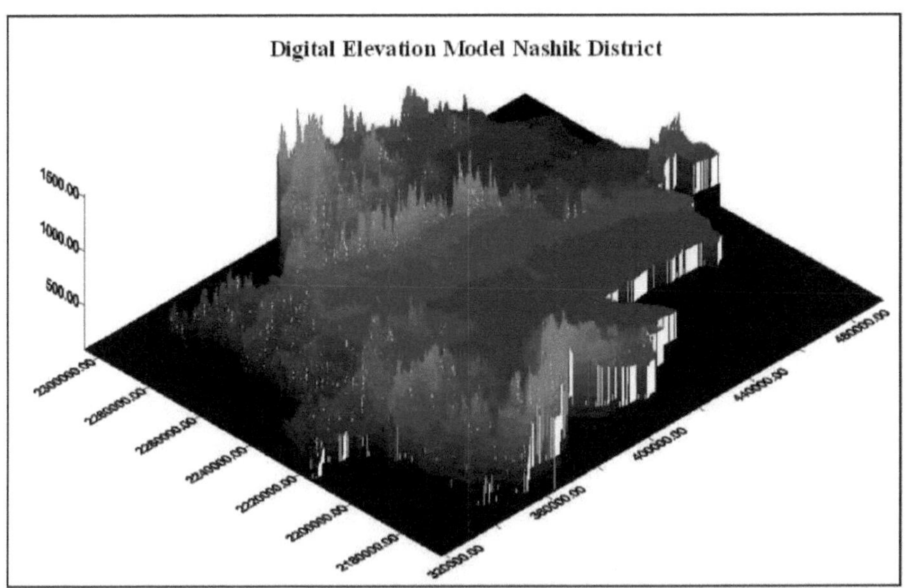

Fig. 2.8

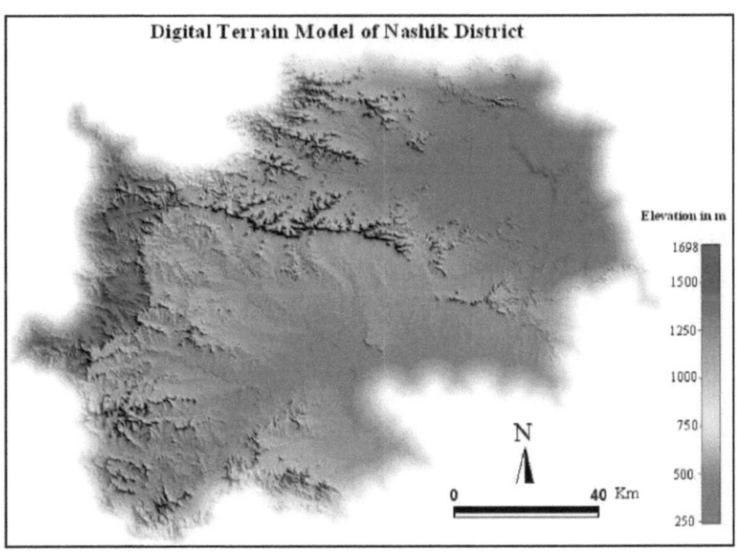

Fig. 2.9

(District Gazetteer 1975 p.4). Os principais cursos de água incluem Panjhara, Maniad e os seus afluentes. A maior parte dos cursos de água são afluentes dos rios Girna e Godavari. A cordilheira de Satmala-Chandwad constitui assim o principal divisor de águas entre estes dois grandes rios do distrito. Este facto é igualmente evidente no mapa do relevo do distrito. Esta cordilheira atravessa as tahsils de Chandwad, Dindori, Kalvan, Devala, Niphad e Nandgaon.

c) A cordilheira de Trimbak-Anjaneri: Na parte sul do distrito, a cordilheira Tr4imbak-Anjaneri estende-se para leste a partir de Bhaskargad (1086 m). Estas cadeias atravessam os tahsils de Nashik e Igatpuri. Picos importantes como Harishgad (1113 m) e Brahmagiri (1210 m) situam-se na parte oriental. A cordilheira de Trimbak, no seu lado norte-oriental, forma um anfiteatro na base do qual se situa a cidade de Trimbakeshwar. As encostas são muito íngremes para formar o penhasco. Podem ser escaladas através de um caminho estreito e difícil que chega até à nascente do rio Godavari a uma altitude de 4248 pés (1274 m).

Anjaneri é uma massa fina de rocha de armadilha com um topo plano de área considerável. Além disso, Anjaneri estende-se sob a forma de três ramos que se assemelham a "Trishul" (Tridente). A altitude média desta região é de cerca de 900 m. A sul de Anjaneri Trishul, para além do rio Dama e das suas ribeiras de cabeceira, existem três cadeias de montanhas radiantes que ladeiam o rio Vaitarna, a sudeste da cidade de Igatpuri. Estas formam um grupo irregular de colinas. A cadeia Trimbak-Anjaneri constitui um importante divisor de águas entre o Godavari, o Darna e o Vaitarna. Destes três rios, o Vaitarna é um rio que corre para oeste e o Darna é um afluente do Godavari.

d) As colinas de Kalasubai: Na fronteira sul do distrito de Nashik, a cordilheira de Kalasubai estende-se para leste. O pico mais alto de Maharashtra, nomeadamente Kalasubai (1646 m), situa-se nesta cordilheira. A base da cordilheira situa-se no distrito de Nashik, mas o cume situa-se no distrito de Ahmednagar. Esta cordilheira desce ao longo do curso do rio Darna e entra na região de planície onde o Darna se junta ao Godavari.

2) Bacia do Girna: A segunda região geográfica, situada a leste da escarpa sahiadriana e a norte dos Satmalas, pode ser descrita em termos gerais como a bacia do Girna. No entanto, seria mais adequado designá-la como a bacia dos afluentes do Tapi, uma vez que, na parte setentrional, um pequeno afluente do Panjhra do distrito de Dhulia, o Salvar nala, nasce nas encostas meridionais das colinas de Galna. No interior do distrito, o rio Bori nadi, juntamente com o seu afluente, o rio Kanoli, atravessa o desfiladeiro de Selbari e é também um afluente independente do Tapi, com um curso considerável no interior do distrito, mais a leste, na parte norte. Esta região é caracterizada pela ocorrência de várias ramificações dos Sahyadris com tendência para leste e sudeste, como remanescentes deixados para trás em resultado da dissecação por vários cursos de água com tendência para leste pertencentes ao sistema Tapi, abrindo caminho ao longo de linhas de fraqueza estrutural. A maioria destes cursos de água tem um curso inicial para sul ou sudeste, seguido de um curso para leste, que mais tarde se transforma num curso para nordeste ao aproximar-se do limite do distrito.

A parte sudeste da bacia do Girna no distrito, drenada pelos rios Panjan e Maniad e seus afluentes, forma uma sub-região distinta dentro desta região principal. Em nítido contraste com o resto do distrito, aqui o cultivo e o povoamento evitam as vizinhanças dos cursos de água, onde a terra está muito mal e profundamente dissecada e ravinada em terrenos acidentados com solos muito pobres

3) Bacia de Godavari: A terceira região geográfica do distrito é formada pelo maior e mais longo rio da Índia peninsular. A bacia do Godavari situa-se a sul dos Satmalas e a leste da escarpa Sahyadrian. O rio nasce na encosta alta da cordilheira de Trimbak-Anjaneri. O Godavari e os seus afluentes provocaram uma erosão considerável na parte sul do distrito. Como resultado, encontramos um vale largo com um depósito aluvial considerável na parte centro-sul e leste do distrito, que pode ser dividido em quatro sub-regiões: o vale do Godavari, a sub-região norte que se afasta dos Satmalas, a bacia superior do Darna e o planalto de Sinnar.

2.5 SISTEMA DE DRENAGEM

A disponibilidade de água, especialmente para a agricultura, depende principalmente dos cursos de água e dos rios que drenam a região. O rio como fonte de água tem atraído o homem desde o início da civilização. O padrão de drenagem e a tendência das cristas dependem da estrutura das rochas basálticas subjacentes do distrito. O distrito é drenado por dois rios principais, o Girna e o Godavari e os seus afluentes, sendo a bacia hidrográfica entre eles a cordilheira de Satmalas. Para além destes, há uma série de pequenos rios do Konkan que drenam para oeste, para o Mar Arábico. (*Fig. 2.10*)

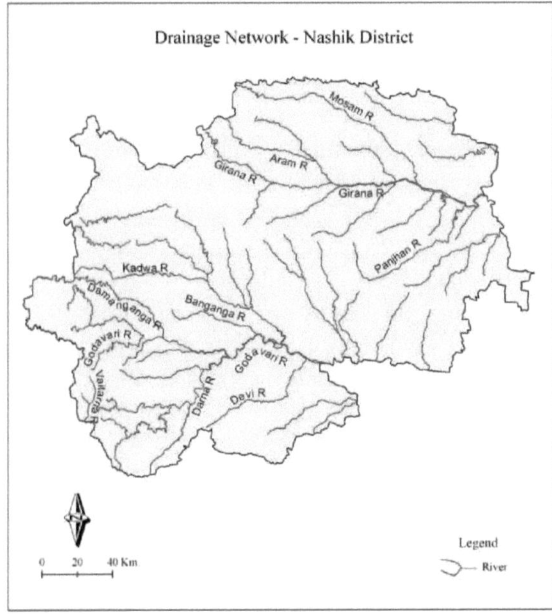

Fig. 2.10

A bacia do rio Godavari: O Godavari é o rio mais famoso não só deste distrito, mas de toda a Índia peninsular. O curso principal situa-se logo abaixo da escarpa do lado ocidental do Trimbakeshwar. Um ramo maior e mais distante nasce no cume que une as montanhas Trimbak e Brahma, numa região de maior precipitação devido à exposição conjunta a ventos húmidos. Depois de passar a cidade de Trimbak, o Godavari vira para oeste, cortando um leito profundo e rochoso através da região de ghatmatha. A área de captação da bacia do Godavari é de 7013 km^2 . Kashypi, Darna, Valdevi, Banganga, etc. são os afluentes bem conhecidos do Godavari. É de notar que muitos dos cursos de água que correm para leste a partir da escarpa em Desh têm vales demasiado largos para terem sido formados pelo rio que agora os atravessa. A anomalia dos vales largos pode ser atribuída ao facto de os rios que correm no meio deles terem nascido antigamente muito mais a oeste do que agora, e de as amplas planícies estarem a uma distância considerável das nascentes dos rios. Pode considerar-se que a crista dos Sahyadris se situava muito mais a oeste do que atualmente. Este facto é também comprovado pela ocorrência de picos elevados remanescentes a oeste da escarpa principal do Sahyadrian, indicando o recuo da escarpa para leste. Esta explicação pode ser encontrada na energia muito maior dos cursos de água que correm a oeste, já referida no caso do Vaitarna, em comparação com a dos rios que correm a leste.

Bacia do rio Girna: O Girna nasce a sul da aldeia de Cherai, a cerca de 8 km. A sudoeste de Hatgad nos Sahyadris e flui quase para leste ao longo de um leito largo com margens altas nas mesmas partes, mas em regra,

suficientemente baixo para permitir a utilização de água para irrigação. Foram construídas várias barragens ao longo do curso principal do rio, que irrigam grandes áreas de terrenos hortícolas. Continuando o seu curso através das talukas de Kalvan, Deola, Satana e Malegaon, o rio serpenteia para nordeste até se aproximar da fronteira de Jalgaon. No seu curso superior, o Girna recebe vários rios de dimensão quase igual à sua e igualmente úteis para a irrigação. A área total de captação da bacia hidrográfica do Girna no distrito de Nashik é de 6346 km^2 . Nesta bacia hidrográfica, os afluentes Punad, Aram, Mosam, Panjan, Maniad, etc. juntam-se ao rio Girna.

Rios do Konkan: Inúmeros pequenos riachos correm pela escarpa ocidental dos Sahyadris e drenam para o Mar Arábico. Nar, Par,

Damanganga, Vaitarna, Bhima, etc. são os rios mais importantes do Konkan. Esta região recebe o máximo de precipitação durante a estação das chuvas. Estes rios são rios não perenes devido à sua fisiografia e ao seu comprimento mais curto.

2.6 CLIMA

O clima desempenha um papel importante na promoção do turismo. Num sentido geográfico, as tendências variáveis e o ajustamento humano são também regidos pela alteração das condições meteorológicas. Por conseguinte, é necessário abordar os atributos importantes do clima, especialmente porque afectam o padrão da atividade turística. De acordo com o ajustamento ambiental, a flutuação da frequência turística varia, o que denota que uma determinada estação é mais adequada para o turismo. O clima da região de Nashik é geralmente seco e revigorante, sendo a maior parte dos turistas atraídos para as zonas de clima confortável. O clima da região de Nashik é bastante favorável do ponto de vista turístico.

De um modo geral, a altitude afecta a pressão atmosférica e a temperatura. As montanhas, em virtude da sua altitude, disposição das cordilheiras, picos, localização a barlavento e a sotavento, massas de água, vegetação natural, revelam uma grande diferença de condições climáticas, principalmente em termos de temperatura e precipitação (Joshi- etd, 1983). O ano pode ser dividido em quatro estações principais no distrito.

1) A estação fria, de dezembro a fevereiro.
2) A estação quente, de março a maio.
3) A estação das monções, de junho a setembro.
4) O recuo da estação das monções, de outubro a novembro.

Exceto durante a estação das monções, o ar é geralmente seco, sobretudo à tarde e à noite. O céu é geralmente limpo e os ventos são ligeiros a moderados. Durante a monção, os ventos são ligeiros a moderados. Durante as monções, os ventos são mais fortes, sobretudo nas colinas, e o céu fica muito nublado ou encoberto. O clima varia consideravelmente nas diferentes partes do distrito. O clima de Nashik e de toda a parte ocidental do distrito é, em muitos aspectos, o melhor do Decão, se não mesmo da Índia ocidental. As estações do ano são bastante uniformes em todas as partes do distrito. Devido às diversidades físicas, a região tem um clima variável.

Temperatura - A partir de março há um período de subida contínua da temperatura e maio é geralmente o mês mais quente do ano. Com o início da monção, verifica-se uma descida apreciável das temperaturas. Com o recuo da monção, a temperatura diurna volta a subir em outubro. A partir daí, tanto a temperatura diurna como a nocturna começam a descer. A temperatura média é mais baixa em dezembro. A variação diurna mínima da temperatura é registada nos meses de julho e agosto, enquanto a variação diária máxima da temperatura é registada nos meses de janeiro e fevereiro. A estação do verão é moderadamente quente e a temperatura varia entre 35°C e 39°C. Os meses de verão, ou seja, abril e maio, são muito quentes e insuportáveis. O inverno é bastante ameno e ligeiramente rigoroso e a temperatura varia entre 10°C e 15°C durante os meses de dezembro e janeiro. A estação das monções é comparativamente mais fresca, com chuvas esporádicas distribuídas ao longo de todo o período das monções. Os extremos de calor e frio são maiores a leste.

Precipitação - A precipitação no distrito começa durante a estação das monções do sudoeste, entre junho e outubro. A precipitação média anual no distrito é de 915,9 mm. A precipitação diminui geralmente de oeste para leste. Com base na precipitação, é possível dividir o distrito em três grandes regiões. Cerca de 85 % da precipitação anual no distrito é recebida durante a estação das monções do sudoeste, de junho a setembro. julho é o mês mais chuvoso...

Tabela 2.2: Precipitação anual no distrito de Nashik 2013-14

Sr. No	Tahasil	Rainfall mm	Sr. No	Tahasil	Rainfall mm
1	Surgana	1880.80	9	Peth	2367
2	Kalvan	685.20	10	Tribakeshwar	2132.80
3	Deola	467	11	Nashik	710
4	Satana	621.30	12	Igatpuri	3746
5	Malegaon	655	13	Sinnar	589
6	Nandagaon	669.60	14	Niphad	540.60
7	Chandvad	583.50	15	Yeola	463
8	Dindori	917.10	Total		1135.19

Socio-economic Abstract, Pune District, 2013-14.

Durante os meses pré e pós-monção ocorre alguma precipitação sob a forma de trovoadas. A variação na precipitação de ano para ano no distrito não é grande (*Fig.2.11*).

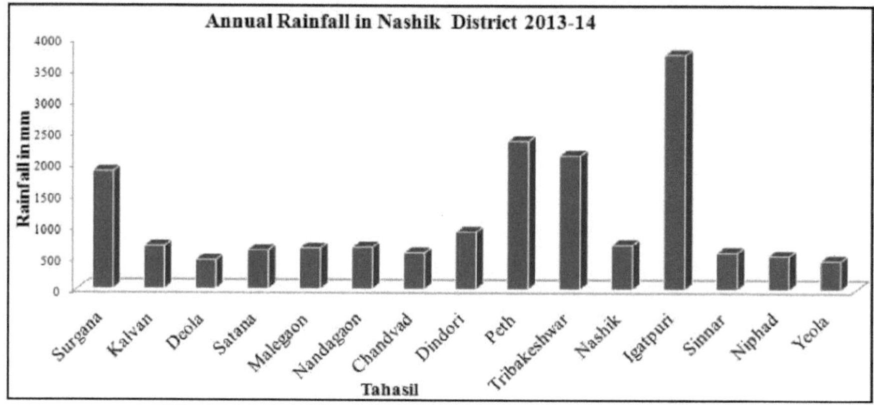

Fig. 2.11

Devido à topografia irregular, a precipitação está distribuída de forma desigual na região de estudo. A quantidade de precipitação superior a 2000 milímetros é registada nas talukas de Igatpuri, Peth e Tribakeshwar, enquanto a precipitação moderada de 900 a 2000 milímetros ocorre nas talukas de Surgana e Dindori. Igatpuri taluka (3746) recebe a maior quantidade de precipitação durante 2013-14, seguida de Peth (2367) e Tribakeshwar (2132,80). A taluka de Yeola registou a precipitação mais baixa (463), seguida de Deola (467), Chandvad (583,50) e Sinnar (589).

2.7 SOLO

O solo é um recurso básico formado pela desintegração, decomposição e movimento dos materiais de origem através de factores naturais como o clima, a água, a cobertura vegetal, etc. (Kayastha, 1964). Existem quatro tipos de solos no distrito de Nashik: preto, vermelho, castanho e arrozal (*Fig. 2.12*).

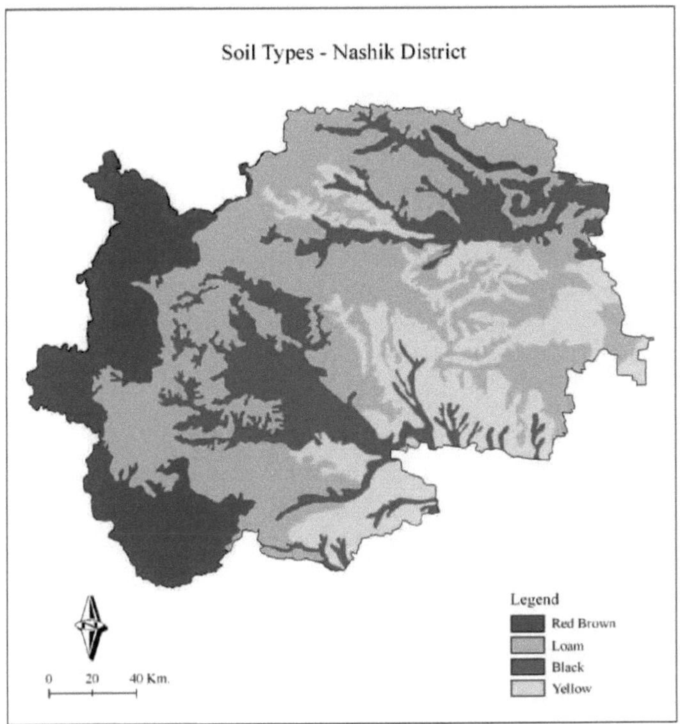

Fig. 2.12

Em Igatpuri, Trimbak, Surgana e Peth, os solos desenvolveram-se em condições húmidas, observando-se alguns solos lateríticos nas altitudes mais elevadas das colinas. Os solos do Godavari, do kadva e das partes superiores dos vales de Girna e Mosam são bastante profundos e férteis. O solo no resto do distrito é ondulado e suscetível à erosão. Nas encostas das colinas observam-se solos ligeiros e pouco profundos e em relevos ainda mais elevados solos de textura muito grosseira. Os solos na zona de chuvas intensas têm uma reação neutra, contêm uma maior quantidade de matéria orgânica e têm um estado de base baixo. No meio encontram-se os solos da zona de transição. Estes solos têm uma reação ligeiramente alcalina e contêm quantidades moderadas de matéria orgânica. Por último, os solos da zona de escassez são alcalinos e têm um baixo teor de matéria orgânica e de azoto.

2.8 VEGETAÇÃO

No turismo moderno, a floresta tem desempenhado um papel importante no desenvolvimento do turismo nas zonas florestais. O distrito de Nashik é caracterizado por um clima seco, pelo que apresenta uma vegetação esparsa ou escassa na parte oriental e uma vegetação relativamente densa na parte ocidental. A vegetação é composta por árvores, ervas e arbustos, gramíneas que ocupam a planície do vale, as encostas coluviais e os cumes das colinas onde se forma uma cobertura significativa do solo. A vegetação é constituída por árvores como a mangueira, o jambhul, o bambu, a jaqueira, ervas, arbustos, ervas daninhas e gramíneas que se observam sobretudo ao longo das planícies dos vales, em terrenos ligeiramente inclinados e nas cristas planas. As partes orientais do distrito são ocupadas por vegetação esparsa de xerófitos e vegetação de tipo caducifólia seca. Os produtos florestais dividem-se em duas classes principais, ou seja, os principais e os secundários. Os principais produtos florestais são a madeira e a lenha, que se encontram maioritariamente em Igatpuri, Dindori, Kalvan, Peint e Surgana. Os produtos florestais menores, como o bambu, a goma, o mel, a apta e as folhas de tembhurni (úteis para o fabrico de bidi), para além de babul, hirda e cera, etc., encontram-se em grande quantidade em quase todos os tahasils.

2.9 POPULAÇÃO

O crescimento demográfico pode influenciar o crescimento do turismo basicamente de duas formas. Em primeiro lugar, dada a desigualdade dos rendimentos per capita, significará um aumento global da procura nacional e internacional. Em segundo lugar, nos países industrialmente avançados, onde o turismo atingiu uma proporção elevada, o crescimento da população conduzirá à sua expansão (Tiwari, 1994).

O distrito apresenta grandes diferenças na distribuição da população por tahsil. Foi feita aqui uma tentativa de analisar a atual distribuição da população no distrito. De acordo com o censo de 2011, o distrito tem uma população total de 6107187, dos quais 3157186 e 2950001 são homens e mulheres, respetivamente. No censo de 2001, Nashik tinha uma população de 4993796, dos quais 2590912 eram homens e 2402884 eram mulheres. A população do distrito de Nashik constituía 5,43% da população total de Maharashtra. No recenseamento de 2001, o distrito de Nashik representava 5,15% da população de Maharashtra. Registou-se uma alteração de 22,30% na população em comparação com a população de 2001. No anterior recenseamento da Índia de 2001, o distrito de Nashik registou um aumento de 29,66% da sua população em relação a 1991.

Quadro 2.3: População do distrito de Nashik (1961 - 2011)

Tahsil	1961	1971	1981	1991	2001	2011
Nashik	327281	424590	626777	894932	1317367	1755491
Peth	68425	82380	98963	128019	96774	119838
Dindori	112110	136883	163928	208229	264727	315709
Surgana	58247	69719	82841	109332	145135	175816
Kalvan	99593	124328	156987	198843	165609	208362
Baglan	153470	197102	243341	296184	311395	374435
Malegaon	313008	426194	517355	672428	789230	955594
Chandwad	96931	117332	133171	165015	205189	235849
Nandgaon	121211	146338	169449	203075	136319	288848
Yeola	103326	126855	147853	187802	235521	271146
Niphad	154990	216641	291669	357270	439842	493251
Sinnar	133403	163602	193078	227961	292075	346390
Igatpuri	113251	137257	167227	202262	228209	253513
Trimbakeshwar	NA	NA	NA	NA	136417	168423
Devala	NA	NA	NA	NA	129988	144522
Total	**1855246**	**2369221**	**2992639**	**3851352**	**4893797**	**6107187**

Source: Census 2011

De acordo com o recenseamento de 1961, a população do distrito de Jalgaon é de 18,55 lakh (*Quadro 2.3*). Nas últimas seis décadas, a população do distrito aumentou de 18,55 lakh para 61,07 lakh (*Fig. 2.13*). A população de Nashik tahasil é a mais elevada de todos os taluka do distrito de Nashik, tendo aumentado de 3,27 lakh para 17,55 lakh. De acordo com o censo de 2011, a população mais elevada em Nashik tahasil pode ser atribuída ao rápido crescimento dos sectores industrial e comercial. A imigração devido a oportunidades de emprego e a institutos de ensino também resultou no afluxo de uma grande quantidade de pessoas. A aglomeração urbana em torno do tahasil de Nashik, juntamente com o elevado nível de urbanização, é também uma razão adicional para o crescimento da população da cidade de Nashik.

De acordo com o recenseamento de 2011, a população de Malegaon tahasil é a segunda mais elevada de todos os taluka do distrito de Nashik, tendo aumentado de 3,13 lakh para 9,55 lakh entre 1961 e 2011. A população de Peth tahasil é a mais baixa de todos os taluka do distrito de Nashil, tendo aumentado de 0,68 lakh para 1,19 lakh.

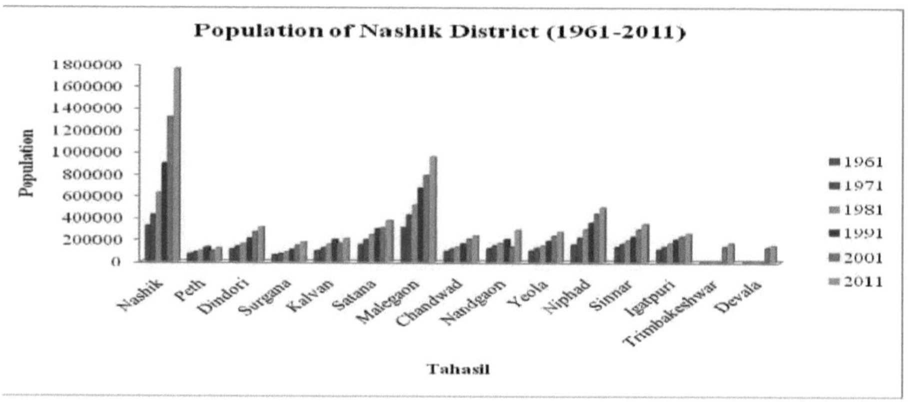

Fig. 2.13

Tahasil Peth tem a área geográfica, a população, a densidade populacional e o crescimento decenal da população mais baixos. A densidade populacional é calculada pela população total do tahasil dividida pelo número de pessoas que vivem por quilómetro quadrado. A densidade populacional dá uma ideia da distribuição geográfica da população na zona. De acordo com o recenseamento de 2001, a densidade populacional do distrito de Nashik é de 322/Km^2. A densidade populacional do tahasil de Nashik é a mais elevada de todos os taluka do distrito de Nashik, com um aumento de 1625/Km^2 (2001). A densidade populacional do tahasil de Trymbakeshwar é a mais baixa de todos os taluka do distrito de Nashik, sendo de 154/Km^2. De acordo com o recenseamento de 2011, a densidade populacional no distrito de Nashik é de 393 km$^{2.}$. O tahasil de Nashik registou a maior densidade populacional (2166 km^2). A densidade populacional mais baixa é registada no tahasil de Trimbakeshwar (190 km^2).

2.10 TRANSPORTES E COMUNICAÇÕES

O desenvolvimento dos meios de transporte no distrito de Nashik permitiu a recolha e distribuição de vários produtos de e para os mercados distritais do país. O distrito é atravessado por um eixo ferroviário de importância nacional. O distrito pertence à zona ferroviária central dos caminhos-de-ferro indianos. O distrito dispõe igualmente de uma boa rede de estradas. Tem auto-estradas nacionais, auto-estradas estatais e estradas distritais que ligam a maior parte do distrito. Nashik está ligada a todos os distritos de Maharashtra e às principais cidades dos estados vizinhos por estrada e através de auto-estradas estatais e nacionais (*Fig. 2.14)*

Estradas: O distrito de Nashik dispõe de uma boa rede de estradas. Existem cinco tipos de estradas no distrito, nomeadamente a Estrada Nacional, a Estrada Estatal, a Estrada do Distrito Principal, a Estrada de Outro Distrito e a Estrada da Aldeia. O comprimento total das estradas no distrito é de 19191,32Km   (*Tabela 2.4*).

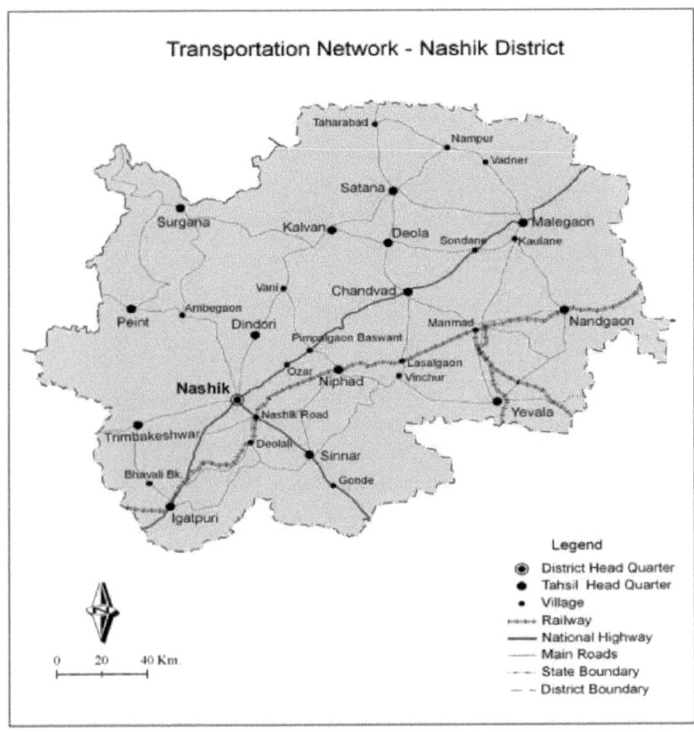

Figura 2.14

Quadro 2.4: Tipos de estradas por comprimento em km. no distrito de Nashik

Sr. No.	Type of Road	Length of roads (Km)
1	National Highway	239
2	Main State Highways	424.27
3	State Highways	1808.59
4	Major District Roads	2712.61
5	Other District Roads	3263.8
6	Village Roads	10743.05
Total		19191.32

(Source: District Statistical Abstract, 2013-14)

Caminhos-de-ferro: Os caminhos-de-ferro assumem um papel de leão no desenvolvimento económico de uma região. Facilitam não só o tráfego de passageiros e de mercadorias, mas também o acesso fácil a mercados distantes. O distrito de Nashik é bastante bem servido por caminhos-de-ferro. A extensão total dos caminhos-de-ferro no distrito é de cerca de 358 km. Manmad é o nó ferroviário e a linha de caminho de ferro de bitola larga Mumbai-Delhi-Kolkata passa pelo distrito, cobrindo 203 km de comprimento. Manmad-Pune, Aurangabad é a linha de caminho de ferro de bitola métrica com 54 km de comprimento.

COMUNICAÇÃO: Juntamente com a Bharat Sanchar Nigam Ltd. (BSNL) e a Mahanagar Telelphone Nigam Ltd. (MTNL), oito empresas privadas estão a prestar serviços de telecomunicações no distrito. O número total de ligações à rede fixa no final de 2014 no distrito de Nashik era de 5523.

Quadro 2.5: Estações de correios de Tahasil no distrito de Pune 2013-14

Sr. No	Tahasil	No. of Post office	Sr. No	Tahasil	No. of Post office
1	Surgana	28	9	Peth	21
2	Kalvan	30	10	Tribakeshwar	42
3	Deola	27	11	Nashik	75
4	Satana	53	12	Igatpuri	30
5	Malegaon	69	13	Sinnar	45
6	Nandagaon	32	14	Niphad	41
7	Chandvad	43	15	Yeola	37
8	Dindori	66		**Total**	**639**

Source: Post Office, Pune city 2013-14.

De acordo com o quadro 3.2, o tahasil de Nashik tem o maior número de estações de correio, 75, enquanto o tahasil de Peth tem o menor número de estações de correio, 21. Durante o ano de 2013-14, o número de estações de correio nas zonas do distrito de Pune foi de 639.

2.11 ALOJAMENTO

O alojamento é uma parte essencial de qualquer centro turístico. A procura de alojamento fora de casa tornou-se uma função importante do turismo. As suas actividades servem exclusivamente o comércio e representam um dos três pilares fundamentais do turismo - viagem, estadia e diversão. A procura de alojamento é satisfeita por uma variedade de instalações - hotéis, motéis, casas de repouso turísticas, dak bungalows, alojamentos para viajantes, casas de circuito, pousadas da juventude, estalagens, dharmshalas e quartos de reforma dos caminhos-de-ferro, etc. A maior parte destes estabelecimentos oferece refeições, bebidas e outros serviços, mas alguns limitam-se apenas ao fornecimento de alojamento.

O alojamento pode ser, por si só, uma importante atração turística. De facto, um grande número de turistas visita um determinado centro turístico porque o hotel ou estância de luxo de primeira classe oferece excelentes serviços e instalações alimentares. As instalações de alojamento no distrito de Nashik podem ser divididas nas categorias de estabelecimentos privados e públicos.

Alojamento privado: Há vários alojamentos privados estabelecidos na cidade de Nashik, Tribakeshwar, Igatpuri, Malegaon, Manmad, etc. Os estabelecimentos são geralmente hotéis, motéis e pousadas no distrito de Nashik e foram aprovados pelo departamento de turismo. Os hotéis classificados são dois de 5 estrelas, cinco de 3 estrelas e outros de categoria não classificada. O quadro 2.8 apresenta a lista dos hotéis aprovados pelo departamento de turismo em Nashik.

Quadro 2.6: Lista de hotéis aprovados pelo Departamento de Turismo em Nashik

Sr. No.	Name of Hotel	Category	No of Rooms
1	Express Inn	3 star	80
2	Hotel Taj Residency	3 star	68
3	Hotel Panchvati	3 star	35
4	Hotel Natraj	3 star	65
5	Hotel Emerald Park	3 star	45
6	Hotel The Plaza	3 star	80
7	Hotel Wasans Inn	3 star	35
9	MTDC Hotel	1	15

Source: MTDC Nashik.

Outros tipos de alojamento: Nesta categoria, as instalações de alojamento fornecidas por instituições religiosas e fundos de caridade, como Dharmshalas, Ashrams e Mathas. Existem numerosos tipos de alojamento deste tipo em centros religiosos, onde os turistas têm de pagar um montante muito simbólico. Na cidade de Nashik, em Tapovan, Panchvati, Igatpuri e Tribakeshwar, existem vários Dharmshalas e Ashrams situados em direção aos locais religiosos.

2.12 ABASTECIMENTO DE ÁGUA

As massas de água constituem o principal recurso potencial para o desenvolvimento turístico de qualquer região. Os rios, lagos, barragens, cascatas, poços, confluências de rios, etc., são o principal recurso para actividades turísticas como a natação, o esqui, a navegação, a pesca, o rafting e, sobretudo, actividades de aventura relacionadas apenas com a disponibilidade de massas de água. O distrito de Nashik tem numerosos reservatórios de água, que foram construídos para para fins múltiplos. Existem 13 grandes barragens e numerosos tanques, lagos e lagoas no distrito, que acrescentam beleza à paisagem. Os pormenores são apresentados no *quadro 2.4.*

Quadro 2.7: Reservatórios de água no distrito de Nashik (2011)

Name of Project	Location	Year of Completion	Height (in Meter)	Capacity (in Tmc)
Gangapur	Gangawadi, Tal Nashik	1965	36.57	203.76
Karanjwan	Karanjwan Tal-Dindori	1974	39.31	175.57
Waghad	Waghad, Tal- Dindori	1980	46.92	76.48
Ozarkhed	Ozarhed Tal- Dindori	1984	35.30	67.96
Palkhed	Palkhed, Tal- Dindori	1976	19.50	21.24
Punegaon	Punegaon, Tal- Dindori	2001	25.14	20.39
Tisgaon	Tisgaon, Tal- Dindori	2000	24.90	15014
Chanakapur	Chanakapur, Tal. Kalwan	1918	39.01	79.97
Girana	Panjhan, Tal- Nandgaon	1969	56.60	524
Darana	Darana, Tal- Igatpuri	1916	28.04	202.42
Kashyapi	Khadyachi Wadi, Tal- Nashik	2005	41.75	52.43
Alandi	Kathewadi Tal- Dindori	1985	29.28	27.46
Haranbari	Ambapur, Tal- Baglan	1982	34.02	34.77
Keljhar	Keljhar, Tal- Baglan	1986	30.95	17.10
Nagya Sakya	Hinganwadi, Tal- Nandgaon	1994	23.09	15.62
Bhojapur	Bhojapur, Tal- Sinnar	1973	29.65	13.73

Source: Irrigation Department Nashik.

Os reservatórios de água para irrigação oferecem boas possibilidades para o desenvolvimento da pesca em reservatórios, os principais reservatórios no distrito são Chankapur 416,83 hectares, Gangapur 2428,12 hectares e Darna 3253,68 hectares. Dos 57 tanques, que são perenes, sazonais de longa ou curta duração, existem apenas 5 tanques perenes e a área total aproximada de distribuição de água dos reservatórios, tanques e lagos é de cerca de 9186,37 hectares.

O distrito de Nashik regista uma elevada precipitação na parte ocidental e uma menor precipitação na parte oriental. A precipitação diminui de oeste para leste. Existem 13 grandes projectos, oito médios e 96 pequenos projectos no distrito de Pune e numerosos tanques, lagos e lagoas no distrito, que acrescentam beleza à paisagem. Existem 153871 poços, 478 açudes KTP e 792 açudes utilizados para fins de irrigação na região de estudo. Os pormenores são apresentados no quadro 2.5

Quadro 2.8: Instalações de irrigação e de irrigação por elevação (2013-14)

Name of Tahasil	Major Project	Medium Project	Minor Project	Tank	KTP Weir	Weir	Lift Irrigation	Well Irrigation
Surgana	0	0	4	48	17	--	--	299
Kalvan	2	0	8	82	18	--	--	9212
Deola	0	0	3	10	--	--	--	1021
Satana	0	2	5	104	25	--	--	22691
Malegaon	0	0	7	157	59	168	--	13948
Nandagaon	1	2	8	44	61	100	--	7795
Chandvad	1	0	4	45	87	160	--	8932
Dindori	6	1	10	38	15	--	1	16684
Peth	0	0	14	30	4	--	--	425
Tribakeshwar	0	0	11	5	15	--	--	1291
Nashik	1	2	4	18	13	--	--	12098
Igatpuri	2	0	5	14	11	--	--	1052
Sinnar	0	1	7	66	72	114	--	24493
Niphad	0	0	3	4	29	119	--	30370
Yeola	0	0	3	40	52	131	--	3560
Total	13	8	96	841	478	792	1	153871

Source: Irrigation Department Nashik 2013-14

CAPÍTULO 3
ESTUDOS DE CASO

3.1 INTRODUÇÃO

Foi muito difícil efetuar um estudo em todo o distrito de Nashik, dado o potencial dos recursos turísticos na sua totalidade, devido à barreira do relevo. Por conseguinte, foi possível identificar o estudo em vários pontos focais de atracções turísticas para um olhar mais atento. A seleção destes centros não seria fácil. Por isso, os critérios foram considerados desejáveis para a seleção dos estudos de caso.

No presente capítulo, tentou-se estudar a necessidade do estudo de caso, o papel do estudo de caso no desenvolvimento do turismo e os critérios a utilizar para a seleção do estudo de caso. Foram selecionados seis estudos de caso de diferentes ambientes geográficos e terrenos, bem como instalações disponíveis e actualizadas, ou seja, o Sistema de Informação

Turística (STI) destes centros selecionados. A informação em primeira mão sobre estes estudos de caso é obtida através de um inquérito no terreno. A informação secundária é recolhida do Diretório de Aldeias e Cidades, do Boletim Distrital, do relatório do recenseamento e de brochuras informativas publicadas pela MTDC. Este estudo baseia-se principalmente na observação, na perceção e na experiência de visita a estes estudos de caso.

3.2 NECESSIDADE DE ESTUDOS DE CASO

Os estudos de caso dão uma ideia de toda a área geográfica e do cenário turístico. O distrito de Nashik é um dos distritos únicos, não só em Maharashtra mas também na Índia, com uma grande variação geográfica em termos de fisiografia, clima, topografia, recursos, recursos culturais e atração turística. O distrito possui um vasto e rico potencial de recursos turísticos de diferentes origens culturais em todos os seus 15 tahsils. O turismo depende em grande medida dos recursos naturais e culturais dos destinos e da atração dos turistas. A beleza cénica da paisagem na cordilheira de Sahyadri, os fortes históricos, as grutas, os centros religiosos, o santuário de aves, as estâncias de montanha, o clima agradável, as feiras e festivais e o estilo de vida da população local constituem uma bela atração para os turistas que visitam esta região. O distrito de Nashik pode ser dividido em três faixas principais: ocidental, central e oriental. A cintura ocidental é constituída pelas principais colinas de Sahyadri que se estendem ao longo de toda a fronteira ocidental do distrito, pelo que a variação fisiográfica é maior na parte ocidental do que na parte oriental. A maior parte dos centros turísticos situa-se na parte ocidental, mas, para o desenvolvimento do turismo, devem ser criados centros turísticos na parte central e oriental do distrito de Nashik, ou seja, o agroturismo, o turismo médico, o turismo educativo, os centros desportivos, os centros recreativos e de entretenimento devem ser desenvolvidos para fins de desenvolvimento regional.

3.3 PAPEL DOS ESTUDOS DE CASO NO DESENVOLVIMENTO DO TURISMO

Os estudos de casos fornecem informações pormenorizadas sobre os fortes, ou seja, desenvolvidos, em desenvolvimento e não desenvolvidos. Por conseguinte, é útil para elaborar uma estratégia adequada para os fortes desenvolvidos e não desenvolvidos no distrito de Nashik. Infelizmente, esta região não atrai um grande número de turistas devido a instalações turísticas inadequadas e à falta de informação fornecida aos turistas sobre os recursos turísticos recreativos do distrito de Nashik. O turismo é uma indústria vasta e interdependente que consiste em vários tipos de infra-estruturas e de instalações recreativas para proporcionar instalações adequadas em diferentes centros turísticos no distrito de Nashik, devendo ser feito um planeamento adequado para satisfazer o mercado turístico e as necessidades de investimento, para criar uma imagem natural e para proporcionar benefícios socioeconómicos às comunidades locais. O desenvolvimento do turismo pode desempenhar um papel importante no desenvolvimento económico do distrito de Nashik. Além disso, esses locais desconhecidos seriam fontes de oportunidades de emprego para que as pessoas possam aumentar o seu estatuto económico. No entanto, o planeamento deve basear-se num inventário completo dos recursos recreativos, ou seja, das caraterísticas cénicas, religiosas, socioculturais, históricas e outras caraterísticas importantes do turismo. Deve ter-se em consideração os problemas existentes e potenciais dos recursos para melhorar e enriquecer o ambiente local e o ecossistema da região de acolhimento.

3.4 CRITÉRIOS DE SELECÇÃO DOS SÍTIOS DO FORTE COM POTENCIAL TURÍSTICO

A identificação e a avaliação do potencial turístico dos locais de forte é essencial para o desenvolvimento do turismo e para o planeamento futuro a longo prazo. Assim, a identificação dos locais de forte potencial turístico é, sem dúvida, o primeiro passo do planeamento e desenvolvimento do turismo em qualquer unidade geográfica. O potencial de desenvolvimento turístico depende sobretudo da variedade e da riqueza das atracções e dos recursos turísticos, sendo que os recursos mais singulares e variados constituem melhores perspectivas de desenvolvimento turístico do que outros. Vários factores que devem ser avaliados na localização dos destinos turísticos influenciam o potencial da unidade geográfica como destino turístico ou a sua importância para o desenvolvimento, a atração, as condições físicas, a acessibilidade climática, as comodidades, as restrições e os incentivos.

No presente capítulo, procurou-se estudar os critérios de seleção dos locais de forte potencial turístico para o desenvolvimento do turismo, o papel dos locais de forte potencial turístico para o desenvolvimento do turismo, os diferentes locais de forte potencial turístico, os diferentes parâmetros dos locais de forte potencial turístico para o desenvolvimento do turismo, a análise matricial dos locais de forte potencial turístico e a classificação dos locais de forte potencial turístico.

O termo "potencial" significa algo que existe mas que ainda não foi totalmente explorado. Existem vários critérios para selecionar os locais de forte com potencial turístico, ou seja, com base na fsiografia, no clima, no objetivo da visita, nos recursos naturais e culturais. Os locais dos fortes com potencial turístico devem ser distribuídos equitativamente, ou seja, a amostragem deve ser estratificada de forma sistemática. O levantamento do potencial turístico de todo o distrito de Nashik tem sido muito difícil, inteiramente devido à barreira do relevo. O distrito tem um vasto e rico potencial de recursos turísticos de diferentes origens culturais em todos os seus 15 tahsils, que são classificados de acordo com o potencial turístico com base na elevação. Foram selecionados locais de fortaleza com potencial turístico, que representam toda a cidade de Nashik, e o mesmo problema é encontrado em centros turísticos de tipo semelhante em todo o distrito (fig. 3.1).

Quadro 3.1: Fortes selecionados para estudos de caso

Sr. No	Name of fort	Name of tahsil	Elevation Class (m)	Elevation (m)
1	Malegaon	Malegaon	300-600	438
2	Ramshej	Dindori	600-900	991.81
3	Harihar	Tribekeshwar	900-1200	1120
4	Anjaneri	Tribekeshwar	1200-1500	1371
5	Dhodap	Chandwad	1200-1500	1472
6	Salher	Baglan (Satana)	1500-1800	1567

Source: Compiled by Auther

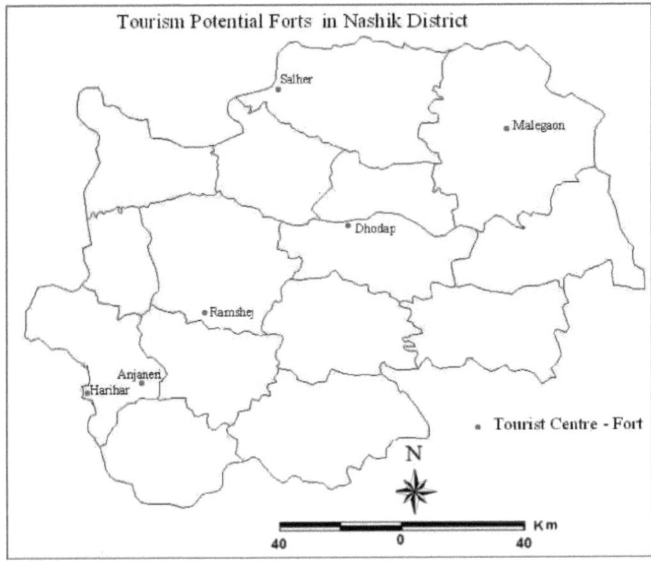

Fig. 3.1

3.5 Vários estudos de caso

3.5.1 Anjaneri

Localização: Anjaneri situa-se a 20 km de Nashik pela estrada de Trimbak. Situa-se a 19°55' de latitude norte e 73°34' de longitude leste. Ambevadi é a aldeia mais próxima de Anjaneri. A altitude de Anjaneri é de 1371 m. A aldeia de Ambevadi situa-se a 51 km para sul da sede do distrito de Nashik, a 15 km de Igatpuri e a 125 km da capital do Estado, Mumbai.

Fisiografia: As colinas rochosas e a região do planalto. O topo do forte de Anjaneri pode ser alcançado após uma subida íngreme a partir da aldeia de Anjaneri. O topo da colina é um planalto de basalto exposto. O forte tem 3 planaltos extensos a uma altitude de 800m MSL, 1100m MSL e 1280-1300m MSL, respetivamente. O planalto tem bordas de penhascos íngremes que descem para encostas suavemente inclinadas. O planalto e as encostas íngremes circundantes têm manchas de floresta afectadas por pressões bióticas. A floresta densa é observada apenas nas zonas menos acessíveis. Com exceção de alguns hectares de propriedade privada, toda a área está sob a categoria RF (Fig. 3.2, 3.3, 3.4 e 3.5).

Imagem de satélite do Forte de Anjaneri

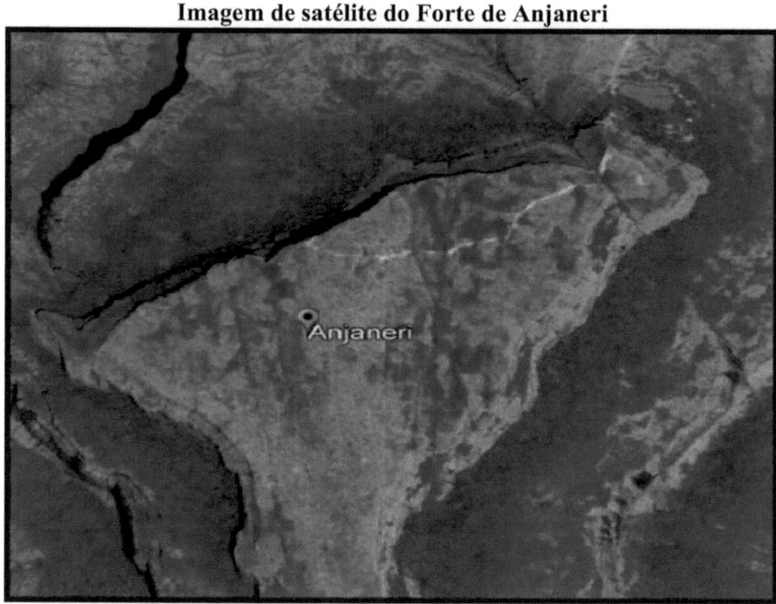

Fig. 3.2

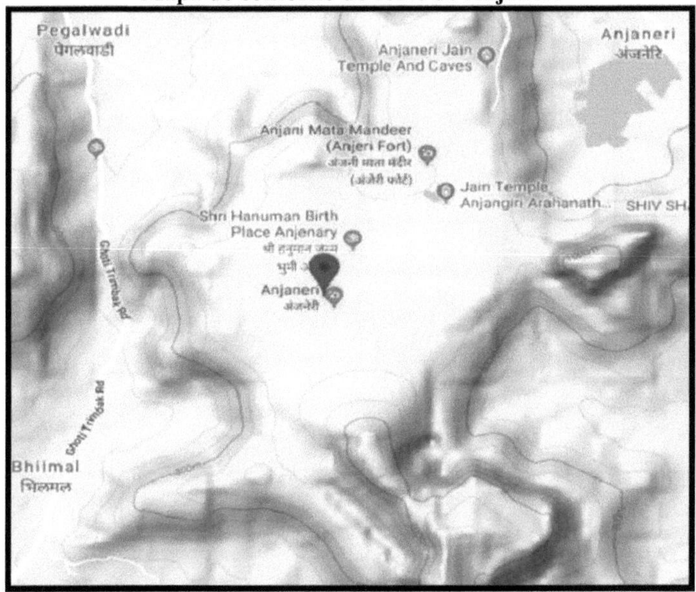

Fig. 3.3

Mapa de relevo do forte de Anjaneri

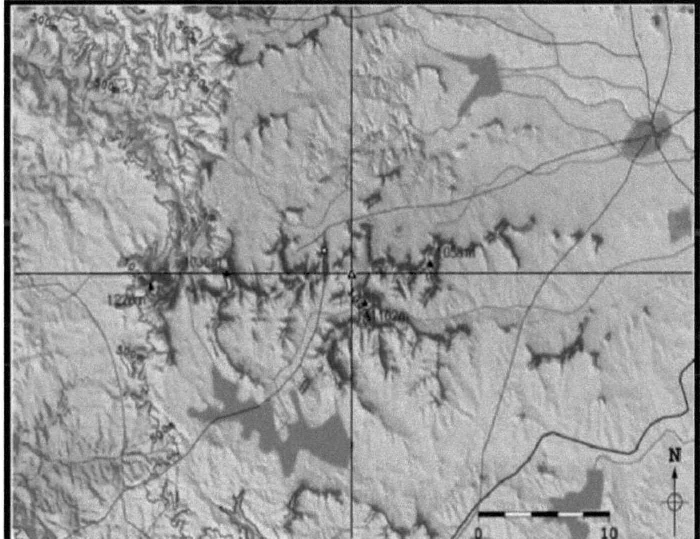

Fig. 3.4

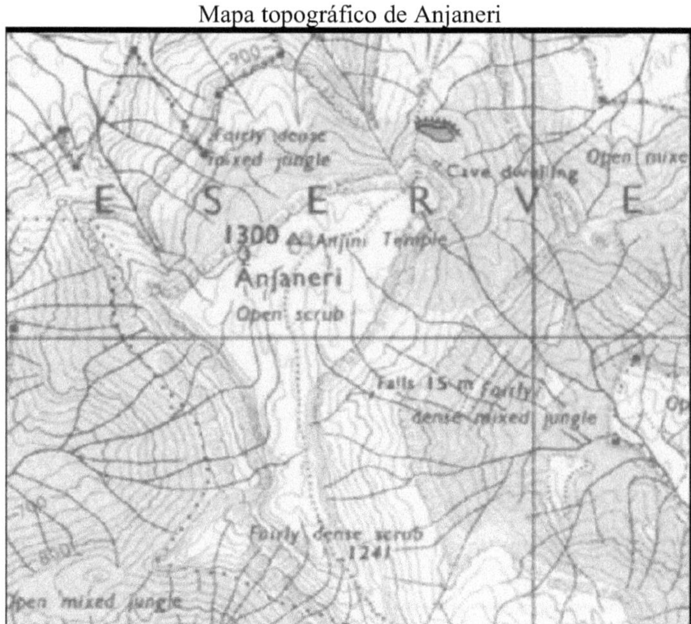

Fig. 3.5

História: Anjaneri é uma das atracções requintadas da cidade de Nasik, que é também um importante forte na região de Trimbakeshwar. Situado a 4264 pés acima do nível do mar, Anjaneri é um lugar espiritual que fica entre Nasik e Trimbakeshwar. Anjaneri é o local de nascimento de Hanuman e tem o nome da mãe de Hanuman, "Anjani". Anjaneri tem um significado importante tanto para os devotos como para os caminhantes. Hanuman passou a sua infância e cresceu na mesma montanha. Encontram-se aqui cento e oito grutas jainistas do século XII.

Anjaneri é, de acordo com os textos hindus, o local de nascimento de Hanuman. O Panchmukhi Hanuman é considerado sagrado como o 11º Rudra de Shiva. Como Anjaneri está situada muito perto do Jyotirling de Shiva, que tem um forte significado da Trindade, representada pelas três faces que personificam o Senhor Brahma, o Senhor Vishnu e o Senhor Mahesh (Shiva) em Trimbakeshwar, é inquestionavelmente o local de nascimento de Deus Hanuman. Em segundo lugar, só como o 11º Rudra é que Deus Hanuman é a encarnação de Shiva, e esta imagem é Panchmukhi. Esta forma de Hanuman como "Sri Panchamukha Anjaneya Swami" (Anjaneya = "filho de Anjani") é mais famosa no Sul e nalgumas outras partes do mundo. Alguns dos lugares famosos onde esta forma é vista são: Kumbakonam e Thiruvallur, ambos em Tamil Nadu.

Ao contrário de Dattatreya, que nasceu com três cabeças, ou de Ravana, com dez cabeças, Hanuman nasceu de facto com uma cabeça. Então, de onde vem este conceito de um Hanuman com 5 cabeças? Aconteceu durante a guerra entre os exércitos de Rama e Ravana em Lanka. Acontece que dois poderosos irmãos rakshasa, Mahiravana e Ahiravana, estão a lutar do lado de Ravana. Nalgumas escrituras diz-se que são filhos de Ravana e que são chamados pelo pai para o ajudarem depois de muitos dos guerreiros e generais de Ravana terem sido mortos.

Mahiravana é o governante de Patalpuri (Patala, ou seja, o Inferno). Agora Mahiravana, sendo um poderoso praticante de artes negras e magia (conhecido por ser um grande devoto da Deusa Kali) localiza Rama e Laxmana através da sua magia. Mahiravana disfarça-se de rei Dasharartha e passa pela fortaleza de Hanuman, que os está a guardar. Captura Rama e Laxmana enquanto estes dormem, arrasta-os e mantém-nos cativos no seu palácio em Patala.

Mahiravana deixa um rasto que vai até às entranhas da terra. À procura deles, Hanuman chega a Patala, cujos portões são guardados por uma criatura chamada Makardhwaja. Hanuman subjuga-o e amarra-o antes de entrar em Patalpuri para resgatar Rama e Lakshmana. Ao entrar em Patala, Hanuman descobre os dois irmãos mantidos em cativeiro como sacrifício a Kali, e também que, para matar Mahiravana, Hanuman tem de apagar simultaneamente cinco lâmpadas que ardem em cinco direcções diferentes. Assim, o Senhor Hanuman assume a forma Panchamukha ou de cinco faces:

Sistema de drenagem: As encostas íngremes das colinas dão origem a muitas cascatas e riachos que abastecem duas grandes barragens (Barragem de Upper Vaitarna) e três reservatórios menores. No final da monção, o planalto é coberto de erva alta que serve de sustento ao gado bovino e ovino local. Existem também lagoas naturais e artificiais no planalto.

Clima: As temperaturas médias em Anjaneri variam um pouco. Tendo em conta a humidade, as temperaturas são quentes durante cerca de metade do ano e agradáveis, com poucas probabilidades de precipitação na maior parte do ano. Se estiver à procura da altura *mais quente* para visitar Anjaneri, os meses mais quentes são maio, abril e junho. A época mais quente do ano é geralmente o final de abril, onde as temperaturas máximas rondam regularmente os 38,8°C, com temperaturas que raramente descem abaixo dos 21,2°C à noite. Anjaneri tem alguns meses extremamente húmidos e meses secos na estação oposta.

Vegetação natural: Os factores como o relevo, o solo e a precipitação afectam a vegetação natural. É sobretudo a distribuição da precipitação que controla o tipo de vegetação natural. A natureza do solo e as condições climáticas têm um impacto direto no crescimento da vegetação. Perto do forte de Anjaneri, há um grande número de plantas com flores sazonais em três planaltos diferentes, incluindo Heracleum, Tricholepis, Blumea, Celosia, Smithia, Senecio, etc., que fornecem alimento aos diferentes insectos polinizadores de famílias como Lepidoptera, Diptera, Coeloptera, etc. A vegetação natural é constituída principalmente por árvores baixas que ocorrem ao longo da fronteira das zonas de estudo. O clima quente e seco deu origem a uma mistura de árvores espinhosas, ervas atrofiadas e vegetação escassa.

Alojamento: Há um grande número de hotéis, restaurantes e alojamentos disponíveis para alojamento em Ambevadi, que é uma aldeia próxima do forte de Anjaneri. Há também algumas estâncias disponíveis em Ambevadi. Perto de Anjaneri, num raio de 5 a 30 km, há muitos hotéis disponíveis para os turistas. Há também alojamento disponível no forte de Anjaneri no templo de Anjani Mata, que pode acomodar 10 a 12 pessoas, e na gruta de Seeta, que pode acomodar 10 a 12 pessoas.

Transportes: Nashik situa-se na principal rota ferroviária de Mumbai - Deli; Mumbai - Hawrah; Mumbai - Allahabad, a 180 km de Mumbai. A maioria dos comboios pára em Nashik Road (estação ferroviária). Há um mínimo de 53 autocarros MSRTC entre Mumbai e Nashik em 24 horas. Há táxis regulares de Dadar para Nashik. Nashik-Pune é a NH50 e a distância é de 212 km. Os autocarros MSRTC estão disponíveis de 30 em 30 minutos. Também circulam táxis. A partir da Central Bus Stand ou da Thakkar Bus Stand, há autocarros para Trimbakeshwar que param em Anjneri (na estrada Nashik - Trimbak). Pode apanhar um táxi ou um riquexó. Do lado de Gujrat, a viagem faz-se através de Charoti phata na NH8 (autoestrada Mumbai - Ahmedabad) Charoti - Jawhr - Trimbakeshwar - Nashik (descer em Nashik). De Surat pode chegar a Nashik por Saputara ou de Valsad pode chegar a Nashik por Peth Road. A partir da paragem de autocarro de Anjaneri, é necessário seguir o trilho da montanha.

Abastecimento de água: A água potável está disponível num tanque perto do templo. Existe também o lago Anjaneri que fornece água até ao forte. Existem algumas barragens nas proximidades que também ajudam a fornecer água aos turistas até à zona próxima de Ambewadi e Anjaneri. Assim, devido à presença do lago, das barragens e dos tanques, a água está disponível durante todo o ano.

População: Ambewadi é uma grande aldeia localizada em Igatpuri Taluka do distrito de Nashik, Maharashtra, com um total de 380 famílias residentes. A aldeia de Ambewadi tem uma população de 2183 habitantes, dos quais 1111 são homens e 1072 são mulheres, de acordo com o Censo de 2011. Na aldeia de Ambewadi, a população de crianças com idades compreendidas entre os 0 e os 6 anos é de 317, o que representa 14,52 % da população total da aldeia. O rácio sexual médio da aldeia de Ambewadi é de 965, superior à média do estado de Maharashtra, que é de 929. O rácio entre os sexos das crianças em Ambewadi, de acordo com o recenseamento, é de 1113, superior à média de Maharashtra, que é de 894.

A aldeia de Ambewadi tem uma taxa de literacia inferior à de Maharashtra. Em 2011, a taxa de alfabetização da aldeia de Ambewadi era de 63,24% em comparação com 82,34% de Maharashtra. Em Ambewadi, a taxa de alfabetização masculina é de 71,90 %, enquanto a taxa de alfabetização feminina é de 54,03 %.

Situação atual: A situação atual do forte de Anjaneri em termos de turismo está na categoria de desenvolvimento. Anjaneri tem um grande potencial de desenvolvimento turístico. O Departamento de Arqueologia da Índia, o Governo de Maharashtra e o MTDC prestam mais atenção à concessão de fundos, donativos e subsídios para o desenvolvimento das infra-estruturas do forte de Anjaneri. No entanto, são necessárias tentativas sérias para desenvolver o turismo nesta região.

Principais problemas enfrentados pelos turistas: As opiniões e queixas dos turistas foram recolhidas durante o trabalho de campo. Há problemas de falta de eletricidade e não há guias turísticos no forte. As taxas de alojamento nos hotéis são bastante caras, o estacionamento, os esgotos e as casas de banho, as comunicações, as instalações médicas não estão em boas condições, etc. são os principais problemas enfrentados pelos turistas durante a visita ao forte de Anjaneri.

Centros turísticos importantes em Anajneri e arredores:

Centros turísticos no Forte de Anjaneri e arredores

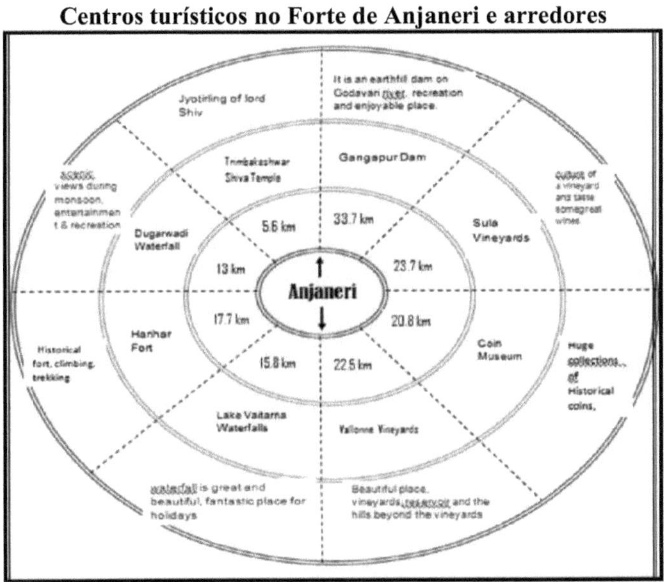

Fig. 3.6

a) **Templo de Anjani:** Na montanha existe um templo dedicado à deusa Anjani. Mais de 10.000 peregrinos visitam este local durante o dia auspicioso de Hanuman Jayanti. Atrai muitos devotos mesmo às terças-feiras e aos sábados. O templo é grande e pode ser alcançado em 15 minutos a partir do planalto.

b) **Outras grutas:** Há um total de 108 grutas esculpidas em toda a montanha de Anjaneri. Pensa-se que estas grutas foram construídas por monges jainistas nos tempos antigos. A sua arquitetura e os seus desenhos fazem com que a arte antiga seja muito bonita!

c) **Vaitarna Back Waters:** É possível ter uma vista deslumbrante dos remansos da barragem de Vaitarana a partir do cimo das colinas de Anjaneri.

Soluções para ultrapassar os problemas: Na ausência de instalações e comodidades básicas, a atividade turística no Forte não pode ser desenvolvida. Por conseguinte, deve haver eletricidade 24 horas por dia, frequência de transportes públicos, comunicação, entretenimento e recreação, mercado, instalações de cuidados de saúde, etc., para os turistas. Desta forma, devem ser feitas todas as tentativas para atrair os turistas do país e de outros países do mundo.

3.5.2 Forte de Malegaon

Localização: Malegaon é um forte terrestre. Malegaon está localizada na convergência dos rios Mosam e Girna e a altitude média da cidade é de 438 metros acima do nível do mar. A cidade está situada a 20°32'43" de latitude norte e 74°31'47" de longitude leste. A localização de Malegaon fica a cerca de 280 quilómetros a nordeste da capital de Maharashtra, ou seja, Mumbai. Malegaon está muito bem ligada a cidades como Manmad, Dhule, Mumbai e Nashik. Situa-se a cerca de 104 km de Nashik.

Fisiografia: Em Malegaon existem várias formas de terreno. A oeste de Malegaon encontram-se as montanhas Sahyadri e as cadeias de montanhas Vani e Chandwad. As cadeias de Satmala situam-se no sudoeste de Malegaon Tahsil. O Rahud Ghat divide os Tehsils de Chandwad e Malegaon. A cidade de Satana, Baglan, situa-se na fronteira de Malegaon. A norte de Malegaon, a cordilheira de Galna estende-se de leste a oeste. Um terço da sua extensão situa-se em Malegaon Taluka. O famoso Forte de Galna está situado na cordilheira de Galna, na fronteira norte de Malegaon. A norte de Malegaon, situa-se o distrito de Dhule. A leste de Malegaon, as cordilheiras de Arvi e Lalling dividem a região de Khandesh de Malegaon. Além disso, o rio Panjan divide Malegaon de Nandgaon. As diferentes formas de relevo de uma região constituem a sua configuração física. Se considerarmos a configuração física de Malegaon Taluka, verificamos que existem duas divisões;

- A região montanhosa de Sahyadri.

- A região situada nas bacias dos rios Girna e Mosam. Quase toda a parte oriental de Malegaon está coberta pela cordilheira de Sahyadri. O rio Girna divide Malegaon em duas partes, ou seja, Norte e Sul (3.7, 3.8, 3.9 e 3.10).

Imagem de satélite do Forte de Malegaon - I

Fig. 3.7

Imagem de satélite de Malegaon Fort- II

Fig. 3.8

Mapa de contorno do forte de Malegaon

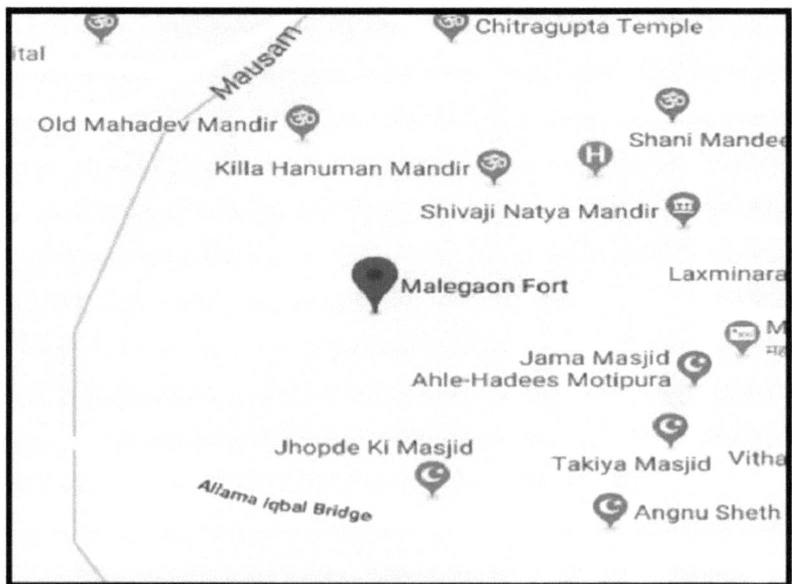

Fig. 3.9

Mapa topográfico de Malegaon

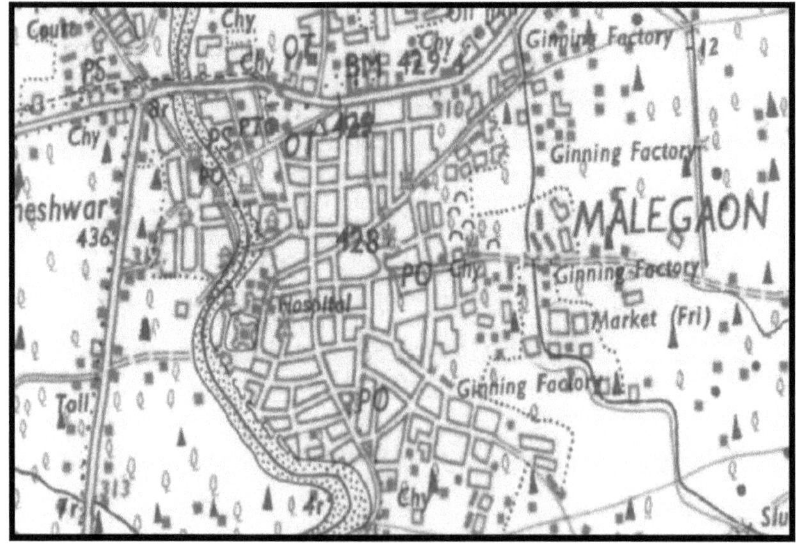

Fig. 3.10

História: Este forte foi construído por Nareshankar. O irmão mais novo do Chhatrapati Shahu II de Satara, Chatursingh, declarou guerra aos Peshwas e refugiou-se neste forte. O comandante Peshwa Trimbakji Dengle capturou-o no interior do forte, de forma tortuosa, em 10 de janeiro de 1810. Depois dos Peshwas, o forte passou a ser controlado pelos árabes. Em 16 de maio de 1818, o exército britânico atacou os árabes, que, entre 300 e 350, mantiveram o forte durante um mês. Em 10 de junho de 1818, quando o canhão disparado pelos britânicos fez explodir a pilha de munições no forte, a defesa árabe enfraqueceu e os árabes tiveram de se render em 13 de junho de 1818.

A cidade tem uma história registada de cerca de 10 séculos. O departamento arqueológico registou a existência de um "Tamrapat" na aldeia "Vazir Kheda", muito próxima da atual cidade de Malegaon. A escrita de Temrapat mostra claramente que, no século IX, esta povoação era conhecida como Mahuligram. Esta área estava sob o domínio do rei Rashtrakut Dantidurge. Este rei doou a aldeia ao Jain Sharavan Sangh. Mais tarde, durante o domínio Peshwa, ficou sob o domínio Nimbayati Jahagir do rei Naroshankar, que escolheu esta aldeia Mahuli como capital do seu Nimbayati Jahagir. Desde então, é conhecida como Malegaon. Mais tarde, ficou sob o domínio da Companhia Britânica das Índias Orientais. Em 1863, foi criado um município como órgão administrativo. A cidade de Malegaon tem importância histórica. Existe um forte na margem oriental do rio Mosam que foi construído pelo sardar Maratha Naro Shankar Raje Bahadur em 1755. Foi construído por trabalhadores de Deli e foi concluído num período de 10 anos. Após a construção do forte, estes trabalhadores instalaram-se em Malegaon. O forte tem uma forma retangular e cerca de 18 a 20 metros de altura. Os soldados ingleses, nas guerras de 1818 e 1857, capturaram posteriormente o forte. Para proteção deste forte, Raje Bahadur manteve um exército de soldados Momin que, no futuro, iniciaram a indústria do tear manual na cidade de Malegaon. Durante o período de independência do minério, Malegaon tornou-se um centro bem conhecido da indústria de teares manuais. Em resultado da industrialização, os teares manuais foram convertidos em teares eléctricos e, atualmente, Malegaon é um dos maiores aglomerados de teares eléctricos de Maharashtra. O antigo Raje Bahadur Wade, na zona de Gaothan, é um testemunho da importância histórica da cidade nos séculos XVII ([th]) e XVIII ([th]), no regime peshwai. Atualmente, o forte é utilizado para o funcionamento de uma escola secundária conhecida como Kakani Vidyalaya e de um ginásio conhecido como Kashikar Gym khana.

Cronologia dos acontecimentos em Malegaon: Malegaon foi outrora um minúsculo cruzamento chamado Maliwadi ou a aldeia dos jardineiros. A história de Malegaon remonta a 1740, quando um senhorio chamado Naro Shankar Raje Bahadur, da cidade, iniciou a construção de um forte que demorou quase vinte e cinco anos a ser concluído. Foi por causa das obras de construção do forte que milhares de artesãos e trabalhadores muçulmanos se deslocaram para Malegaon, vindos de diferentes zonas da Índia, em busca de uma fonte de rendimento. Os britânicos anexaram o forte de Malegaon em 1818, o que levou um grande número de muçulmanos a mudarem-se de Hyderabad para Malegaon. Mais uma vez, milhares de tecelões muçulmanos estabeleceram-se em Malegaon, vindos de Varanasi, atingidos pela fome que ocorreu no ano de 1862. É apenas devido à população muçulmana da cidade que existe um grande número de teares eléctricos e de indústrias de tecelagem em Malegaon. Os motins comunais, que se tornaram muito comuns na Índia durante a década de 1960, contribuíram imensamente para o aumento dos migrantes muçulmanos para a cidade de Malegaon.

Principais acontecimentos históricos que tiveram lugar em Malegaon: Alguns eventos históricos importantes tiveram lugar na cidade de Malegaon e estes eventos desempenharam um papel muito importante na formação do presente da cidade de Malegaon. Os acontecimentos são enumerados a seguir:

- Malegaon era uma kasba muito pequena chamada Maliwadi há cerca de duzentos anos.
- Naro Shankar Raje Bahadur era um dos sardars de Bajirao Peshwa e foi-lhe concedido 18 aldeias que incluíam Maliwadi. Foi Naro Shankar que convidou artesãos, engenheiros e cortadores de pedra do norte da Índia.
- Foram os artesãos muçulmanos que trouxeram a cultura e a língua muçulmanas pela primeira vez para Malegaon.
- Os artesãos viviam numa povoação ou basti em frente ao forte de Malegaon, do outro lado do rio. Atualmente, o local chama-se Sangameshwar e Maliwadi mudou para Malegaon.
- No ano de 1816, um soldado Rohilla chamado Dilawar Khan construiu o primeiro Idgah na cidade de Malegaon.
- Os britânicos de Malegaon convidaram os muçulmanos de Hyderabad depois de terem capturado o forte de Malegaon no ano de 1818.
- O motim de 1857 levou à migração de um grande número de muçulmanos do Norte da Índia para Malegaon, chamados Momins.
- Atingidos pela fome, os muçulmanos de Varanasi mudaram-se para Malegaon no ano de 1862.
- Atualmente, Malegaon desenvolveu-se sob a forma de um centro de tecelagem em tear manual no estado de Maharashtra.
- A era do tear elétrico em Malegaon surgiu após o ano de 1935.
- Foi o aumento da produtividade que levou à prosperidade da indústria de tecidos na cidade de Malegaon.
- Os muçulmanos que se mudaram para a cidade vindos de Khandesh, Deccan e Uttar Pradesh criaram bairros de lata em Malegaon.
- O primeiro bairro de lata e também o maior bairro de lata da cidade de Malegaon, conhecido como Kamalpura, foi criado no ano de 1940.

Sistema de drenagem: A principal barragem existente em Malegaon é a barragem de Chankapur, construída no rio Mosam, num local chamado Vani, em Kalwan Taluka. Esta barragem é a única fonte de abastecimento de água potável para toda a cidade de Malegaon, mas a sua capacidade não é suficiente para satisfazer as necessidades de abastecimento de água da população de Malegaon. É por esta razão que está a ser construído outro sistema de abastecimento de água na barragem de Girna. A barragem de Girna é outra importante barragem existente em Malegaon e foi construída sobre o rio Girna, perto da aldeia de Panjan. A barragem de Girna é também a maior barragem de Malegaon. A área de captação da barragem de Girna é de 1.826 milhas quadradas e a barragem irriga cerca de 1,06 lakh acres de terra. A maior parte das terras irrigadas da barragem de Girna situa-se nas zonas de Jalgaon e Dhule.

Clima: O clima de Malegaon é caracterizado pela secura, exceto na estação das monções do sudoeste. Em Malegaon, a temperatura começa a aumentar rapidamente a partir da segunda metade de fevereiro. maio é o mês mais quente, com a temperatura máxima diária média de 40,6°C em Malegaon. O calor é intenso no pico do verão e, nalguns dias, a temperatura máxima pode ultrapassar os 46° C nas zonas orientais do distrito, com elevações comparativamente mais baixas. Malegaon regista precipitação nos meses de junho a setembro. A precipitação média registada em Malegaon é de 472 mm.

Vegetação natural: Os factores como o relevo, o solo e a precipitação afectam a vegetação natural. É sobretudo a distribuição da precipitação que controla o tipo de vegetação natural. A natureza do solo e as condições climáticas têm um impacto direto no crescimento da vegetação. As aldeias próximas de Malegaon e na direção de Satana, Nampur e Vadel dedicam-se à agricultura e são grandes produtoras de cebolas.

Alojamento: Há um bom número de hotéis luxuosos e económicos em Malegaon e são muito úteis para a estadia confortável das pessoas que visitam Malegaon. Alguns dos hotéis mais famosos de Malegaon incluem o Hotel Sukhsagar em Soygaon, o Star Hotel em Maldhe, o Hotel Sun Palace em Malegaon Camp Road e o Hotel Annapurna em Soygaon.

Transportes: Ao contrário de outras cidades de Maharashtra, Malegaon não está muito bem equipada em termos de transportes. Mas isso não impede que a cidade esteja ligada a outras cidades do país. Existem algumas estradas muito importantes, um aeroporto e algumas estações de caminho de ferro situadas muito perto da cidade, o que facilita a visita das pessoas à cidade.

De comboio: A estação ferroviária mais próxima de Malegaon é a estação de Manmad, que fica a 38 km. Outras estações ferroviárias que ligam a cidade de Malegaon a outras cidades importantes de Maharashtra são Jaulka a uma distância de 10 quilómetros, Aman Vadi a uma distância de 10 quilómetros, Washim a uma distância de 24 quilómetros e Akola Junction que fica a uma distância de 60 km de Malegaon.

Por estrada: Malegaon está situada na autoestrada Mumbai-Agra, chamada NH 3, razão pela qual a cidade está bem ligada às outras cidades de Maharashtra e ao resto da Índia.

Abastecimento de água: A água potável em Malegaon é fornecida através da barragem de

Chankapur construída no rio Mosam, num local chamado Vani, em Kalwan Taluka. No entanto, é importante notar que a barragem não tem capacidade para satisfazer as necessidades de água de toda a cidade de Malegaon, razão pela qual está a ser construído um segundo sistema de abastecimento de água a partir da barragem de Girna.

População: De acordo com o relatório do censo do ano de 2011, a população da cidade de Malegaon era de 576425. A percentagem de população masculina na cidade é de 51%, enquanto a das mulheres é de 49%. A taxa média de alfabetização de Malegaon é de 73%, sendo que 70% dos homens e 61% das mulheres são instruídos. Cerca de 18% da população de Malegaon tem menos de seis anos de idade e, além disso, é de notar que as crianças da cidade são obrigadas a aceitar vários tipos de trabalho para poderem apoiar as suas famílias em situação de pobreza. Há também uma proposta futura de criação de um distrito separado de Malegaon devido ao aumento da população da cidade.

Situação atual: O forte de Malegaon, enquanto centro turístico, encontra-se ainda em fase de desenvolvimento. Existe um grande potencial de desenvolvimento turístico em Malegaon. O Departamento de Arqueologia da Índia, o Governo de Maharashtra e o MTDC prestam mais atenção à concessão de fundos, donativos e subsídios para o desenvolvimento das infra-estruturas do forte de Malegaon. No entanto, são necessárias tentativas sérias para desenvolver o turismo nesta região.

Principais problemas enfrentados pelos turistas: As opiniões e queixas dos turistas foram recolhidas durante o trabalho de campo. Há problemas de falta de eletricidade e não há guias turísticos no forte. As taxas de alojamento nos hotéis são bastante caras, o estacionamento, os esgotos e as casas de banho, as comunicações, as instalações médicas não estão em boas condições, etc. são os principais problemas enfrentados pelos turistas durante a visita ao forte de Malegaon.

Centros turísticos importantes em Malegaon e arredores:

- **Biblioteca Urdu:** A Biblioteca Urdu em Malegaon tem mais de 60 anos e possui uma coleção de alguns dos raros laureados Urdu. Foi considerada uma das bibliotecas modernas da Índia e contém livros sobre diferentes temas, como prosa, poesia, humor, ação, drama, medicina, ciência, civilizações, história e até educação e saúde.
- **Indústria cinematográfica de Maratha:** A indústria cinematográfica de Maratha está sediada em Malegaon e é por esta razão que os estúdios e os cenários que se encontram na cidade também servem de atração turística. Os turistas adoram visitar os populares cenários de filmes de renome e dar uma vista de olhos aos estúdios de cinema que aí se encontram.
- **Indústrias de teares eléctricos:** Indústrias como a de teares eléctricos estão a prosperar com muito sucesso em Malegaon e os visitantes também fazem questão de visitar os teares e as oficinas têxteis da cidade para observar o seu funcionamento. Muitos turistas gostam de ver a tecelagem dos muito populares saris Paithani, uma vez

que, nos tempos antigos, eram tecidos apenas pelos tecelões reais no interior do palácio, pois estes saris destinavam-se à rainha e a outras mulheres de origem real.

- **Jamiatus Swalehaat:** A Jamiatus Swalehaat é considerada a maior instituição, bastante popular entre os turistas e os pedagogos. É especializada na prestação de educação islâmica a mulheres na Índia e vale a pena visitá-la. A popularidade desta instituição pode ser avaliada pelo facto de raparigas e mulheres de diferentes partes do mundo virem aqui para os seus estudos superiores. A viagem aos pontos turísticos de Malegaon não estaria completa se não se visitasse este campus educativo mundialmente famoso.

- **Malegaon Yatra:** Se decidir visitar esta cidade antiga durante o mês de dezembro, terá a sorte de ver uma série de animais à espera de serem comprados. Todos os anos, durante o mês de dezembro, realiza-se o Malegaon Yatra, um grande mercado de compra e venda de animais. É possível comprar cavalos, burros, vacas e outras variedades raras de animais. Também se pode assistir a espectáculos de cavalos e camelos bem decorados, que vale a pena ver.

- **Museus em Malegaon:** Não há muitos museus em Malegaon, exceto um que se chama Gargoti Mineral Museum, situado em MIDC Malegaon, Sinnar e Nashik. Alberga alguns exemplares de artes e artesanato dos artesãos que viveram na cidade durante o período antigo.

- **Parques e jardins em Malegaon:** Alguns dos parques e jardins mais populares de Malegaon são o Kaku Bai Ka Bag em Sangameshwar em Goldennagar, o Tashqand Bagh em Mohammad Ali Road em Nayapura, o Noor Bagh em Ramzanpura em Malegaon e o Dr. Ambedkar Garden ou Gol Bagh em Imdad nagar em Malegaon. Estes parques têm um ambiente verdejante, o que permite passar bons momentos com a família ao fim da tarde.

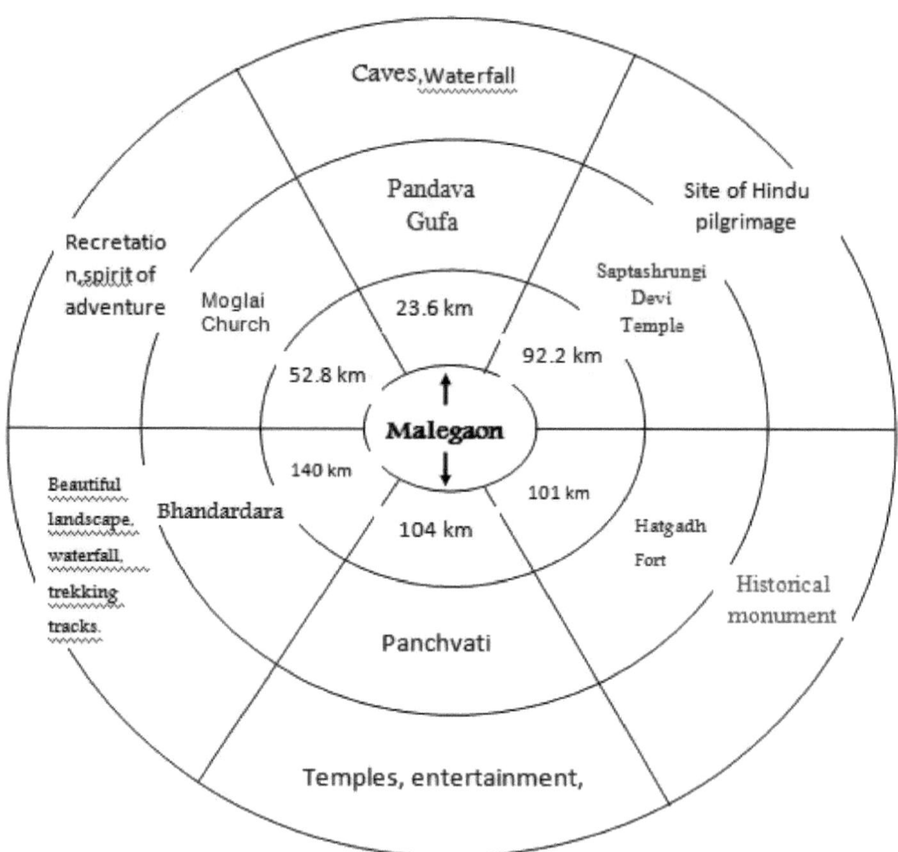

Fig. 3.11

3.5.3 Forte de Ramshej

Localização: Ramshej ou Ram's Bedstead, em Dindori, a cerca de sete milhas a sul de Dindori e a cerca de sete milhas a norte de Nasik ou a 14,7 km de Nasik, na estrada Nashik-Peth. Situa-se a cerca de 3273 pés ou 991,81 metros acima do nível do mar. O forte está situado a 20°11'21" de latitude norte e 73°76'73" de longitude leste.

Fisiografia: A região tem mais contornos e o espaçamento entre os contornos é muito pequeno, o que mostra que a região é montanhosa e o declive é acentuado. A direção do declive é de NE para SE. Perto da colina está presente uma floresta mista aberta. A elevação máxima da região é de 985m e a elevação mínima é de 740m. A maior parte das curvas de nível estão presentes (3.12, 3.13 e 3.14).

Imagem de satélite de Ramshej

Fig. 3.12

Imagem de satélite com mapa de Contor de Ramshej

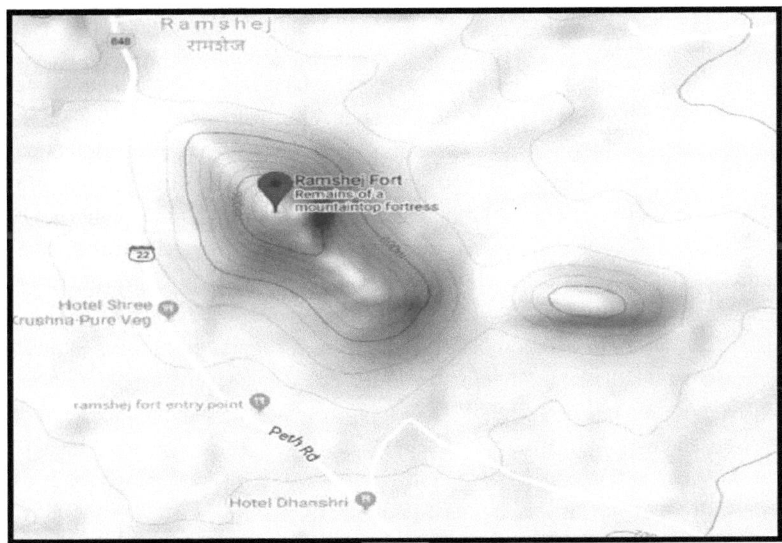

Fig. 3.13

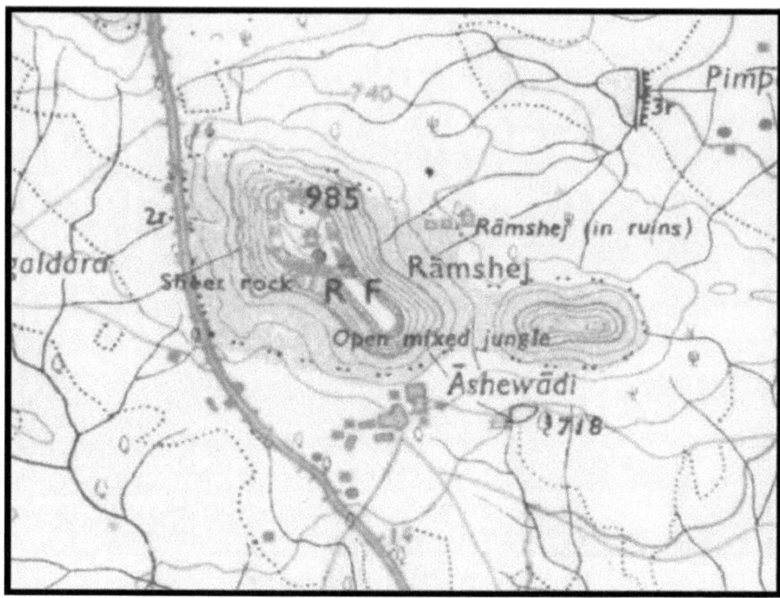

Fig. 3.14

História: Ramshej significa literalmente a cama do Senhor Ram. Enquanto esteve no exílio, o Senhor Ram fez deste lugar a sua residência durante algum tempo, o que dá o nome ao forte. Durante o reinado de Sambhaji, Aurangzeb chegou a Maharashtra com o objetivo de destruir completamente o Hindavi Swarajya. Nashik estava sob o comando dos Mughals. Uma vez que Ramshej se situa perto de Nashik, os mogóis pensaram que seria mais fácil conquistá-lo, mas revelou-se um osso duro de roer. Para conquistar este forte, Aurangzeb enviou Shahbuddin Gaziudin Firozejung com um exército de 40000 soldados e canhões. Os mogóis cercaram o forte quando este tinha apenas 600 mavalas. O primeiro ataque foi efectuado pelos Mughals, ao qual os Mavalas responderam com um ataque maciço de pedras. Em resultado deste ataque, os mogóis tiveram de recuar. Posteriormente, Shahbuddin apertou o cerco, dinamitou a área e instalou plataformas de madeira para segurar os canhões e muitas outras ideias se seguiram. O Killedar (comandante) do forte de Ramshej era um estratega experiente e inteligente e pôs fim aos seus sonhos. O desejo obstinado de Shahbuddin de vencer fê-lo pensar cuidadosamente. "Construiu um bastião de madeira com capacidade para 500 homens e 50 canhões. Assim, a floresta circundante foi desbravada para construir um enorme bastião de madeira. Os mogóis tentaram ataques a partir do baluarte, que acabaram por falhar. Em maio de 1662, Sambhaji Maharaj enviou Rupaji Bhosale e Manaji More com um exército de 7000 homens para romper o cerco. Shahbuddin controlou o avanço dos maratas num local perto de Ganeshgaon. Ambos os exércitos lutaram ferozmente, tendo os mogóis perdido 500 cavalos para os maratas. Esta vitória encheu os Marathas de entusiasmo. Mas, devido a esta retirada, Aurangzeb ficou agitado e ordenou a Bahadur Khan que marchasse em direção a Ramshej. Shahbuddin apertou o cerco e retomou o ataque ao forte, ao qual os Mavalas responderam com um ataque maciço de pedras. O rajá Dalapat Rai ficou ferido neste ataque, pelo que os mogóis tiveram de bater em retirada. Devido aos sucessivos fracassos, Shahbuddin partiu para Junnar, cancelando o cerco. Bahadur Khan assumiu a responsabilidade por este cerco. Concebeu uma nova estratégia para atacar o forte, segundo a qual uma parte do exército mogol, constituída por canhões e instrumentos, ficaria estacionada num dos lados do forte para manter os maratas ocupados e a restante força atacaria pelo outro lado. No entanto, os maratas aperceberam-se desta estratégia e dividiram o seu exército em postos de ambos os lados do forte, o que frustrou os planos dos mogóis. Bahadur Khan chamou um tântrik para conceber uma nova estratégia. O tântrik pediu uma serpente dourada (estátua de cobra) que pesava 100 tola. Afirmou que usaria a serpente e conduziria o exército mogol até à porta principal do forte. Khan seguiu as suas instruções e o Tantrik conduziu o exército, vigiando o forte. Quando chegaram ao alcance do ataque, os Marathas começaram os seus ataques com pedras. O Tantrik foi atingido por uma pedra e a serpente caiu das suas mãos no chão. Os Mughals ficaram horrorizados e tiveram de recuar. Aurangzeb ficou agitado e ordenou a Bahadur Khan que se retirasse. Depois disso, Aurangzeb enviou Kasimkhan Kiramani para marchar em direção a Ramshej, mas também ele não conseguiu conquistar o forte. Assim, os ferozes Marathas lutaram corajosamente durante cerca de 65 meses e provaram a força dos seus fortes.

Sistema de drenagem: Perto do forte de Ramshej só existem afluentes do rio Ban Ganga. A região não possui uma rede de drenagem bem desenvolvida e apresenta um padrão dendrítico. O rio Ban Ganga corre de nordeste para noroeste. O rio é perene por natureza. O nome do afluente próximo do Ramshej é o rio Karanji. No cimo da colina existe um poço e perto da aldeia de Ramshej existem 2-3 poços de natureza perene.

Clima: A temperatura média anual é de 24,7 °C e a precipitação anual é de 812 mm. A maior quantidade de precipitação ocorre em julho, com uma média de 248 mm. maio é o mês mais quente do ano. As temperaturas médias mais baixas do ano ocorrem em janeiro, quando a temperatura ronda os 20,4°C.

Alojamento: O turista pode ficar nas rotas de Nashik para Ramshej, pois há muitos hotéis e alojamentos. O hotel mais próximo do forte de Ramshej é o hotel shree krushna.

Transporte: Os autocarros públicos estão facilmente disponíveis na paragem central de autocarros de Nashik e na paragem de autocarros de Nimani (Panchvati). Também há táxis para chegar a Ramshej. Os turistas também podem ir nos seus veículos privados.

Abastecimento de água: Existe um reservatório no cimo do forte. No caminho para o topo vê-se uma pequena cisterna. A localização do reservatório e da cisterna estão na mesma linha vertical. A cisterna tem boa quantidade de água mesmo no verão. A água é obtida através das nascentes de contacto das rochas. É possível ver a água percolando na cisterna.

População: Ramshej é uma grande aldeia localizada em Dindori Taluka do distrito de Nashik, Maharashtra, com um total de 447 famílias residentes. A aldeia de Ramshej tem uma população de 2496 habitantes, dos quais 1277 são homens e 1219 são mulheres, de acordo com o censo de 2011. Na aldeia de Ramshej, a população de crianças com idades compreendidas entre os 0 e os 6 anos é de 372, o que representa 14,90% da população total da aldeia. O rácio sexual médio da aldeia de Ramshej é de 955, que é superior à média do estado de Maharashtra de 929.

Situação atual: O forte de Ramshej não está a ser desenvolvido. O Governo de Maharashtra e o MTDC prestam mais atenção à concessão de fundos, donativos e subsídios para o desenvolvimento das infra-estruturas do forte de Ramshej

Centros turísticos importantes no forte de Ramshej:

Ram Mandir: O caminho para o forte começa na sua aldeia base, no lado sul, e vai até ao topo, a partir da face leste. Existe um pequeno templo do Senhor Ram no interior de uma enorme gruta. A gruta é bem mantida pelos devotos e oferece um bom sítio para ficar. Junto à gruta podem ver-se claramente inscrições. A sul desta gruta encontra-se uma cisterna com água potável. Degraus quebrados em frente a esta gruta levam-nos ao topo do forte. O caminho que parte do lado direito termina num penhasco.

Mukhya Darwaja (Entrada principal): A "Porta Principal" está construída por baixo da falésia, que é bastante grande, mas atualmente está devastada. Regressando ao caminho principal e após alguma subida, chega-se ao planalto onde se encontram duas cisternas e um grande lago.

Templo de Devi: Subindo mais um pouco, deparamo-nos com um templo de Devi, onde se celebram os festivais de Navratri. Descendo um pouco a partir das traseiras deste templo, encontra-se outro Gupt Darwaja (porta secreta) deste forte e o percurso em frente a este templo leva-nos para outro lado do forte onde existem mais duas cisternas. Voltando a este percurso, encontram-se partes/resíduos de casas destruídas. Regressando à porta principal, o percurso para a esquerda vai até ao planalto, onde existem duas ou três cisternas e no final deste planalto, existe um posto de bandeira. São necessárias cerca de duas horas para ver o forte por completo. As grutas de Dehergad (Bhorgad) e Chambhar também podem ser vistas a partir do forte.

Principais problemas enfrentados pelos turistas: Não existe um caminho adequado para chegar ao cimo da montanha. Não há água potável para os turistas.

Soluções para ultrapassar os problemas: Na ausência de instalações e comodidades básicas, a atividade turística no Forte não pode ser desenvolvida. Por conseguinte, deve haver eletricidade 24 horas por dia, frequência de transportes públicos, comunicação, entretenimento e recreação, mercado, instalações de cuidados de saúde, etc., para os turistas. Desta forma, devem ser feitas todas as tentativas para atrair os turistas do país e de outros países do mundo.

3.5.4 Forte de Harihar

Localização: O forte de Harihar fica perto de Nashik e é um destino popular para caminhadas no meio da cordilheira de Sahyadri. Existem duas aldeias-base do forte, Harshewadi e Nirgudpada. Harshewadi fica a 13 km de Trymbakeshwar. A outra aldeia-base do forte é Nirgudpada/Kotamvadi, que fica a 48 km de Igatpuri. Este forte fica a 45 km de Nashik. Situa-se a uma altura de 1120 m acima do nível do mar. Situa-se a 19°54' 17" N e 73°28'19"E de longitudes. A área geográfica total da aldeia de Harshewadi é de 448,27 hectares.

Fisiografia: A região tem mais contornos e o espaçamento entre os contornos é muito pequeno, o que mostra que a região é montanhosa e o declive é acentuado. A direção do declive é de NE para SE. Perto da colina está presente uma floresta mista aberta. A elevação máxima da região é de 1000m e a elevação mínima é de 750m. A maior parte das curvas de nível estão presentes. A área total do forte pode ter cerca de 2 km^2 . O forte pode ser dividido em duas partes, que podem ser descritas como topo e sub-topo (fig. 3.15, 3.16 e 3.17).

Imagem de satélite do forte de Harihar

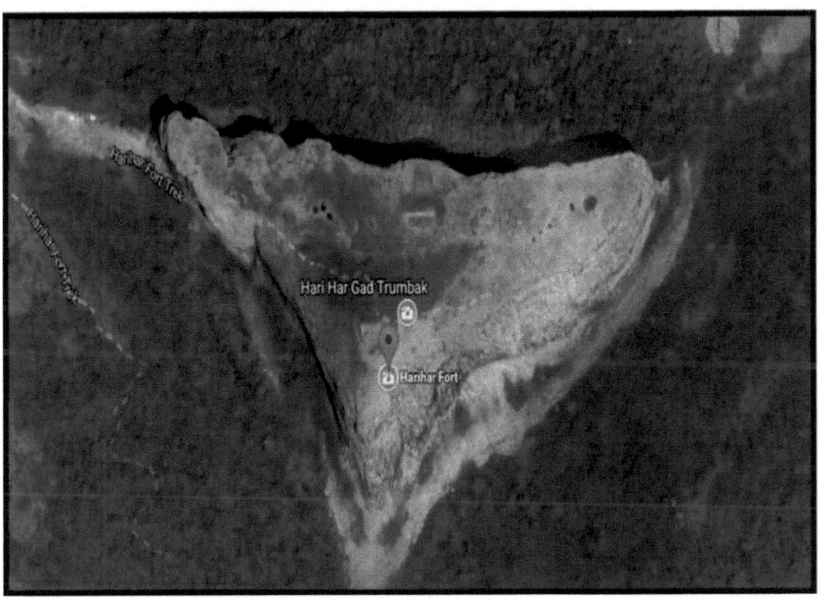

Fig. 3.15

Mapa de contorno do forte de Harihar

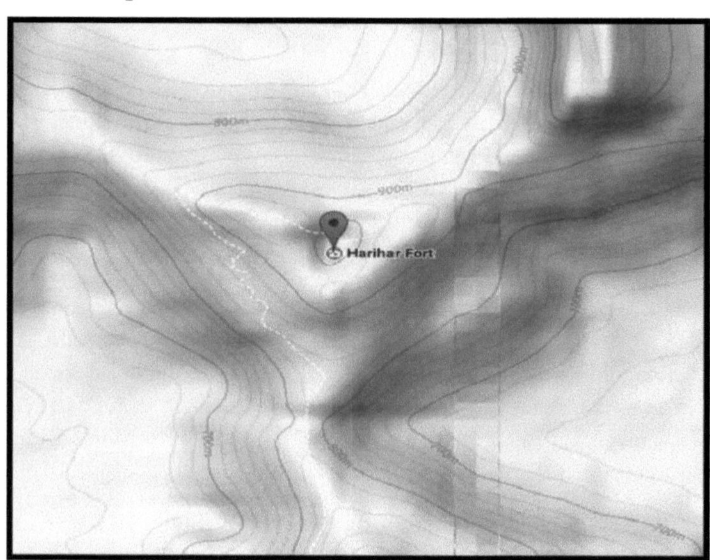

Fig 3.16

Mapa topográfico do forte de Harihar

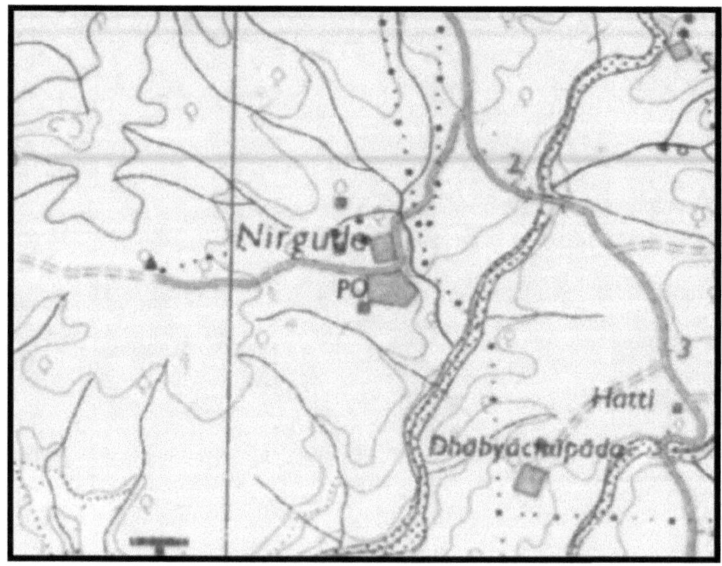

Fig 3.17

História: Este forte teve uma importância vital nos tempos antigos, porque a rota de

Maharashtra para Gujarat costumava cruzar-se nesta cadeia de montanhas. O forte foi construído para vigiar essa rota comercial para Gujrat. Em 1636, Shahaji Maharaj (pai de Chhatrapati Shivaji Maharaj) deu Harihargad, Trimbakgad, Tringalwadi e alguns outros fortes aos Mughals. Esta região estava sob o domínio dos sultões de Ahmednagar. Foi visitado pelo capitão Briggs em 1818, que deixou uma descrição bastante pormenorizada do forte. O acesso é relativamente fácil até meio da subida, onde se unem vários caminhos desde o sopé da colina e onde existe um reservatório e alguns poços, bem como algumas casas para a guarnição. As casas já não existem. A verdadeira subida para a escarpa começa aqui e foi descrita pelo Capitão Briggs como verdadeiramente maravilhosa. Afirma ainda que as palavras não seriam capazes de dar uma ideia da sua terrível inclinação. É perfeitamente rectilínea durante cerca de 60,96 m e só pode ser comparada a uma escada que sobe uma parede de 60,96 m de altura. Os degraus são maus e estão partidos em alguns pontos, pelo que são feitos buracos na rocha para apoiar as mãos. No cimo dos degraus há uma porta, agora parcialmente degradada, e depois um passeio sob uma galeria escavada na rocha, sem parede ao longo do bordo exterior. Depois da galeria há um segundo lanço de escadas, pior do que o primeiro, e no cimo um alçapão com espaço apenas para rastejar. Depois, há mais dois portões. O capitão Briggs acrescenta que a subida da colina era tão difícil que apenas cinco homens conseguiam aguentar contra todas as probabilidades. Reparou numa bomba bem construída à prova de pólvora. Os cereais e as provisões eram guardados numa casa de colmo.

Sistema de drenagem: No cimo, encontra-se um pequeno lago. Existe também um templo que é regularmente venerado pelas pessoas da aldeia. O lago encontra-se na base da rocha vertical que constrói o baluarte do forte. O lago recebe a água da nascente que sai do contacto da rocha vertical com a rocha comum que se encontra na parte inferior.

Clima: O clima aqui é tropical. No inverno, a precipitação é muito menor do que no verão. A temperatura média anual é de 23,5°C. A precipitação média é de 2174 mm. maio é o mês mais quente do ano. A temperatura média em maio é de 28°C. Em janeiro, a temperatura média é de 19,6°C. É a temperatura média mais baixa de todo o ano.

Alojamento: Não há restaurantes ou hotéis na aldeia vizinha. Por isso, leve consigo a sua própria comida e muita água. Pode ficar em Nashik ou em Trimbakeshwar. Há muitos hotéis e pensões em ambos os sítios. Os caminhantes geralmente preferem ficar em Trimbakeshwar, pois há vários pontos de trekking perto dela.

Transportes: Fica a 22 km de Trimbakeshwar e a 45 km de Nashik. Chegar à cidade de Igatpuri pela autoestrada NH-3 (Mumbai-Aagra). Depois de Igatpuri, apanhe um autocarro ST ou um veículo privado para Trimbakeshwar via Khodala. Por estrada, pode chegar aqui apanhando um autocarro para Trimbakeshwar a partir de qualquer ponto de Maharashtra e sair em Nirgudpada. Há um desvio à esquerda 4 km antes de Trimbakeshwar que vai em direção a Khodala. Nirgudpada é a aldeia base para a caminhada do forte de Harihar.

Abastecimento de água: Não há muita água disponível no forte. O principal objetivo deste forte era vigiar o caminho para o Konkan, partindo de Nashik. Os tanques e o lago constituem a maior parte do armazenamento de água. Na direção do templo, há 5 tanques de água consecutivos. Destes, 1 tem água potável. Logo após chegar a um planalto do forte, encontra-se um pequeno lago. Na maior parte das vezes, a água do lago é potável.

População: Harshewadi é uma pequena aldeia em Trimbak taluka, em Nashik, no estado de Maharashtra. Está sob a alçada de Harshewadi Panchayath. De acordo com o censo de 2011, Harshewadi tem uma população total de 194 habitantes e o número de casas é de 32. A taxa de alfabetização da aldeia é de 44,8%.

Situação atual: A situação atual do forte de Harihar em termos de turismo está na categoria de desenvolvimento. Harihar tem um grande potencial de desenvolvimento turístico. O Departamento de Arqueologia da Índia, o Governo de Maharashtra e o MTDC prestam mais atenção à concessão de fundos, donativos e subsídios para o desenvolvimento das infra-estruturas do forte de Harihar. No entanto, são necessárias tentativas sérias para desenvolver o turismo nesta região.

Principais problemas enfrentados pelos turistas: Esta caminhada insere-se na categoria média a difícil e não é recomendada para principiantes e para pessoas com medo de alturas. No entanto, não é necessário qualquer equipamento de escalada para a caminhada do forte de Harihar.

Centros turísticos importantes no forte de Harihar

Palácio: Existe um pequeno palácio com 2 quartos no forte. Se está a planear ficar no forte, então estes quartos podem acomodar cerca de 20 pessoas.

Um lago: Logo depois de chegar a um planalto forte, depara-se com um pequeno lago. A maior parte das vezes, a água dentro do lago continua a ser segura para beber.

Templo: O templo do Senhor Shiva e do Senhor Hanuman também se encontra no forte. Situa-se num planalto perto do lago.

Depósitos de água: Na direção do templo, há 5 tanques de água consecutivos. De entre eles, 1 tem água potável.

a) **Mastro da bandeira:** Há um mastro de bandeira fixado no ponto mais alto da caminhada do forte de Harihar. Muitas pessoas transportam a bandeira laranja e a bandeira indiana para prestar homenagem.

b) **Flores silvestres:** O solo do forte dá origem a belas espécies de flores silvestres na época das chuvas.

c) **Vida selvagem:** Durante o percurso do forte de Harihar, é possível ver ninhos de águia nas paredes verticais da montanha. A visão da águia a circular mesmo ao seu lado é emocionante. Além disso, esteja atento aos macacos e às cobras.

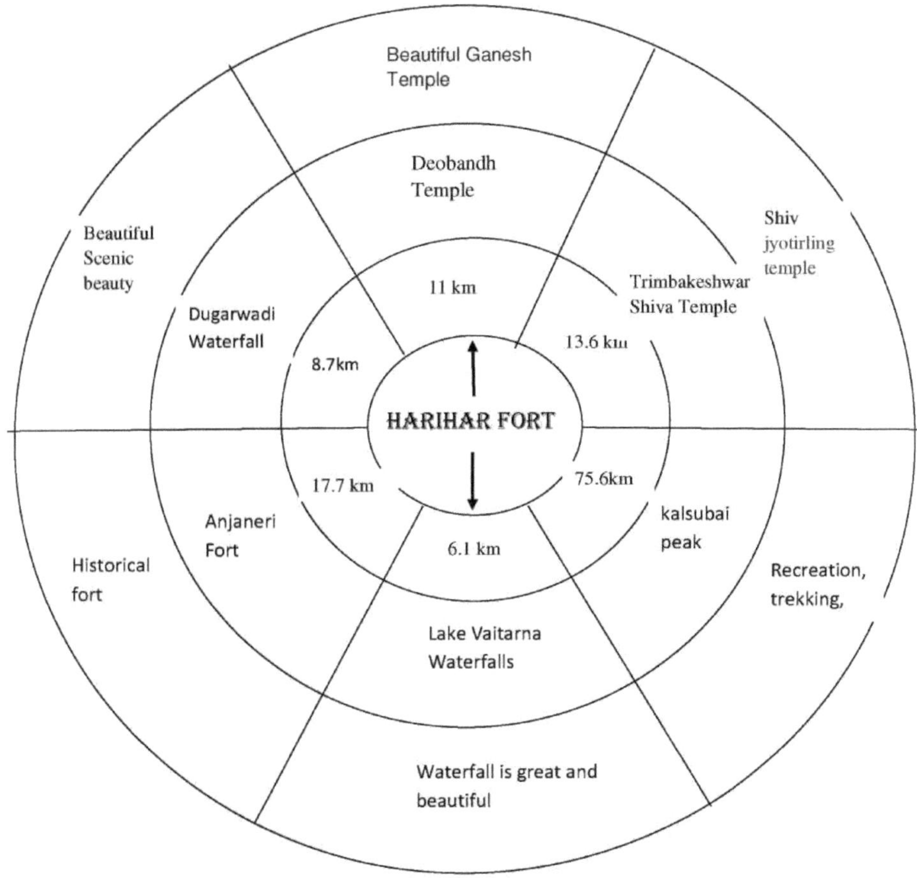

Fig. 3.18

Soluções para ultrapassar os problemas: Na ausência de instalações e comodidades básicas, a atividade turística no forte não pode ser realizada. Por conseguinte, deve haver eletricidade 24 horas por dia, frequência de transportes públicos, comunicações, entretenimento e recreação, mercado, instalações de cuidados de saúde, etc., para os turistas. Desta forma, devem ser feitas todas as tentativas para atrair os turistas do país e de outros países do mundo.

3.5.5 Forte de Dhodap

Localização: Dhodap é um dos fortes situados em Chandwad taluka, no distrito de Nashik. O forte situa-se a 1472 m acima do nível do mar. O forte está situado a 20° 28' 40" N e 73° 55' 30" E. É o local do segundo forte mais alto das montanhas Sahyadri, depois de Salher. A colina de Dhodap é o terceiro pico mais alto de Maharashtra, depois de Kalsubai e Salher, e o 29th pico mais alto de Western Ghats. A aldeia de base chama-se Dhodambe, de onde se pode começar a subir ao forte. O forte situa-se a 42 km de Nashik, a cerca de 3 km da aldeia de Hatti e a 16 km de Abhona, na cordilheira de Satmala, região de Nashik de Sahyadris. Quando se viaja de Nashik para Malegaon pela autoestrada NH-3, é possível ver este forte à distância, a partir das aldeias de Shirwade-Wani, Khadak-Jamb, Vadali-bhoi e Sogras. Uma rota simples é Nashik para Wadali bhoi (50 km) e Wadali bhoi para Dhodambe (8 km). O forte é reconhecível pela sua forma típica.

Fisiografia: Para subir ao forte, cuja entrada é impercetível a partir da aldeia, segue-se um caminho que ziguezagueia por uma encosta íngreme até uma parede nua de rocha negra cortada em degraus em dois sítios. Depois de ultrapassados estes degraus, chega-se a um portão duplo numa série de baluartes e muralhas designados por khandari ou outworks. A fortaleza propriamente dita ainda se encontra a uma altura considerável e o caminho retoma o seu curso tortuoso por uma segunda encosta, variando com lajes salientes de rocha nua. Por fim, chega-se à verdadeira entrada do forte. Trata-se de uma passagem completamente oculta, cortada na rocha viva, com duas torres, e escondida por uma parede exterior de rocha sólida e, na sua parte superior, pela passagem de um túnel. Duas inscrições de carácter persa estão gravadas na rocha perto da porta de entrada. Uma delas foi danificada pelo tempo e as letras são muito indistintas. A outra é muito mais clara e, para além do credo muçulmano, regista o nome do construtor do forte. Ao sair da passagem, a primeira visão que se apresenta é a do pico, que ainda se ergue perpendicularmente a uma altura de trezentos a quatrocentos metros acima da porta de entrada (fig. 3.19, 3.20 e 3.21).

Imagem de satélite do forte de Dhodap

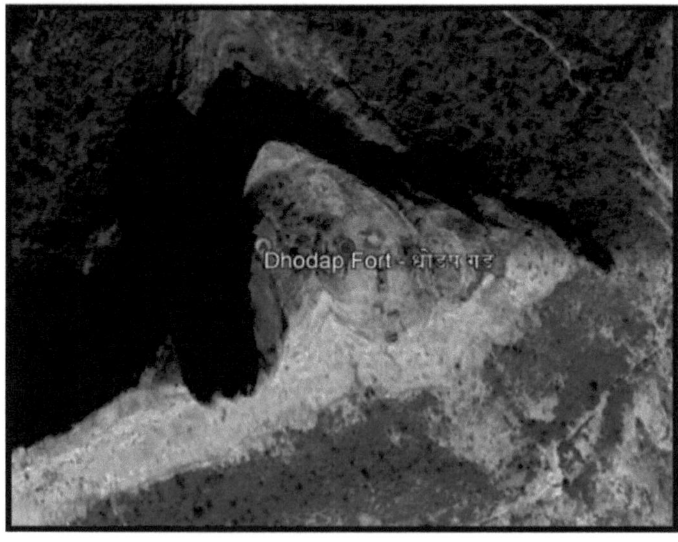

Fig 3.19

Fig 3.20

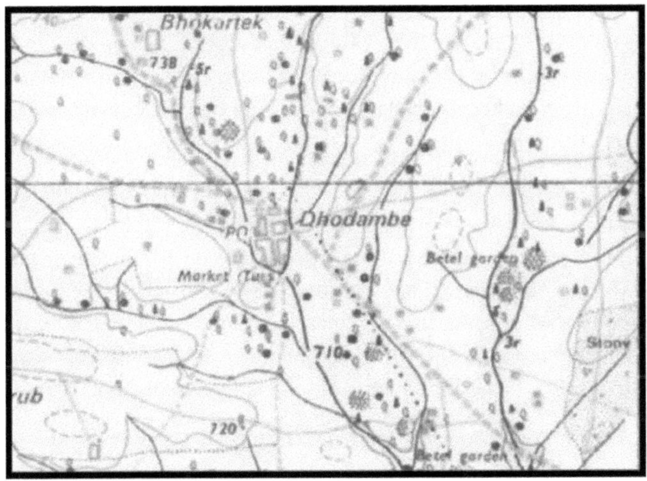

Fig 3.21

História: A mais antiga referência conhecida a Dhodap é a notícia algo duvidosa de um forte chamado Dharab que se rendeu ao general mogol Allah-vardi Khan em 1635 (Elliot e Dowson, VII. 53). Dos muçulmanos, passou para o Peshwa, que o transformou no principal dos fortes de Nashik. Em 1768, Raghunathrav foi derrotado em Dhodap pelo seu sobrinho Madhavrav Peshwa (Grant Duff's Marathas, 340). Sob o domínio dos Peshwas, diz-se que dois subhedars, Appaji Hari e Bajirav Appaji, chegaram a ocupar o forte com 1600 homens. Nessa altura, Ajabsing e Sujkum, dois Kshatriyas ao serviço de Holkar, atacaram-no e saquearam e queimaram a aldeia, que nunca mais recuperou a sua prosperidade. Parece ter passado para o Peshwa, pois foram os seus oficiais que, em 1818, cederam o forte sem luta.

Clima: A temperatura média anual é de 24,7°C. A precipitação anual é de cerca de 812 mm. maio é o mês mais quente do ano. As temperaturas médias mais baixas do ano ocorrem em janeiro, quando a temperatura ronda os 20,4°C.

Vegetação natural: A oeste, o caminho serpenteia por uma longa e suave encosta relvada coberta de cactos e matos esparsos. Após uma curta distância, alcança-se a primeira escarpa, no limite da qual se encontra um número considerável de árvores mais comuns, o jambhul Eugenia jambolana, a sadada Terminalia arjuna e a manga selvagem. A oeste desta aldeia, e um pouco mais perto da segunda escarpa, existe uma floresta onde foi abatida uma conhecida tigresa matadora de gado e várias panteras. No forte, também se encontram belas árvores de pipal.

Alojamento: Há grutas no forte de Dhodap onde podem ficar 15 a 20 pessoas. Além disso, há uma aldeia-base do forte, ou seja, a aldeia de Hatti. Há hotéis e alojamentos nas aldeias onde os turistas podem ficar facilmente.

Transporte: Existem duas aldeias-base para este forte: Hatti e Vadala. Recomendamos que faça o trekking pela aldeia-base de Hatti. O nível de dificuldade é moderado e demora cerca de 3 horas a concluir a caminhada. A aldeia de Hatti fica na rota Nashik-Vani **Abastecimento de água:** Há água disponível no forte de Dhodap, pelo que deve levar água suficiente para subir a este forte.

População: A aldeia de Hatti é a aldeia-base do forte de Dhodap. Hatti é uma aldeia de tamanho médio situada em Chandvad taluka de Nashik, Maharashtra, com um total de 202 famílias residentes. A aldeia de Hatti tem uma população de 1085 habitantes, dos quais 548 são homens e 537 são mulheres, de acordo com o Recenseamento Geral da População de 2011. Na aldeia de Hatti, a população de crianças com idades compreendidas entre os 0 e os 6 anos é de 160, o que representa 14,75 % da população total da aldeia. O rácio sexual médio da aldeia de Hatti é de 980, superior à média do estado de Maharashtra, que é de 929.

Situação atual: Dhodap tem um grande potencial de desenvolvimento turístico. A situação atual do forte de Dhodap como local turístico está na categoria de desenvolvimento. O Departamento de Arqueologia da Índia, o Governo de Maharashtra e o MTDC prestam mais atenção à concessão de fundos, donativos e subsídios para o desenvolvimento das infra-estruturas do forte de Dhodap. No entanto, são necessárias tentativas sérias para desenvolver o turismo nesta região.

Principais problemas enfrentados pelos turistas: As opiniões e queixas dos turistas foram recolhidas durante o trabalho de campo. Há problemas de falta de eletricidade e não há guias turísticos no forte. As taxas de alojamento nos hotéis são bastante caras, o estacionamento, os esgotos e as casas de banho, as comunicações, as instalações médicas não estão em boas condições, etc. são os principais problemas enfrentados pelos turistas durante a visita ao forte de Dhodap.

Centros turísticos importantes no forte de Dhodap: O tanque com o ídolo do Senhor Hanuman, a falésia de Shembi e a falésia de Khara, etc., são ideais para os amantes da escalada. Há uma gruta e um templo no forte.

Soluções para ultrapassar os problemas: Na ausência de instalações e comodidades básicas, a atividade turística no Forte não pode ser desenvolvida. Por conseguinte, deve haver eletricidade 24 horas por dia, frequência de transportes públicos, comunicações, entretenimento e recreação, mercado, instalações de cuidados de saúde, etc., para os turistas. Desta forma, devem ser feitas todas as tentativas para atrair os turistas do país e de outros países do mundo.

3.5.6 Forte de Salher

Localização: O forte de Salher é um dos fortes de colina no Ghat Ocidental de Maharashtra, no distrito de Nashik. A altura desta fortaleza é de 1567 m, o que faz dela a fortaleza mais alta de Maharashtra. Tal como Kalsubai se orgulha de ser o pico mais alto de Sahyadris, em Maharashtra, Salher tem a distinção de ser o forte mais alto de Sahyadris. Salher está sob a alçada administrativa de Baglan Tahsil, distrito de Nashik. Salher situa-se a 20°43'50" de latitude norte e 73°56'45" de longitude leste.

Fisiografia: As regiões têm contornos densos e o espaçamento entre os contornos é muito pequeno, o que mostra que a região é montanhosa e o declive é íngreme. Também podemos ver a estrutura em forma de penhasco nesta região. A direção do declive é de NE para SE. Perto do sopé da colina estão presentes algumas manchas de selva. A elevação máxima da região é de 1567m e a elevação mínima é de 1000m. A maior parte das curvas de nível estão presentes. Este monte pertence ao ghat ocidental. O rio Mousam nasce nos montes Salher. A linha de crista do Ghat Ocidental não é contínua, mas dissecada por riachos. Litologicamente, o Ghat Ocidental é composto por rochas da formação de armadilhas do Decão. Esta parte do Ghat Ocidental é constituída por rochas de armadilha designadas por basalto de Deccan (fig. 3.22, 3.23 e 3.24).

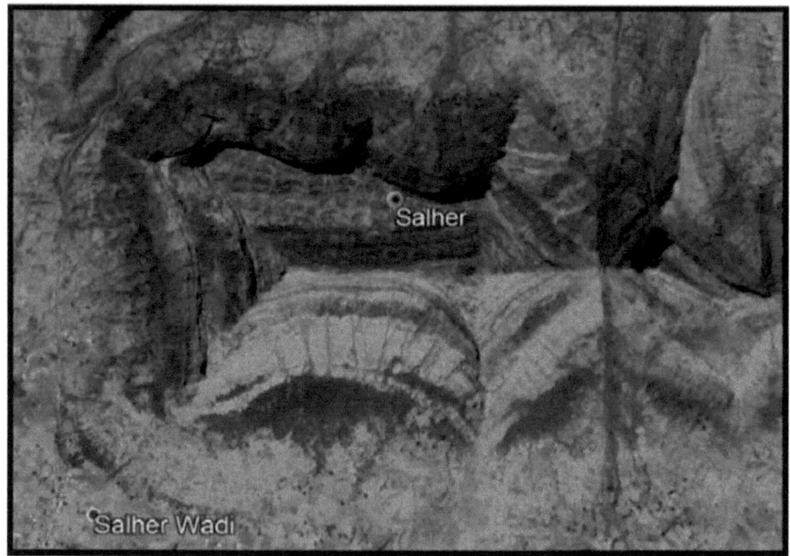

Fig. 3.22

Mapa de contorno do Forte de Salher

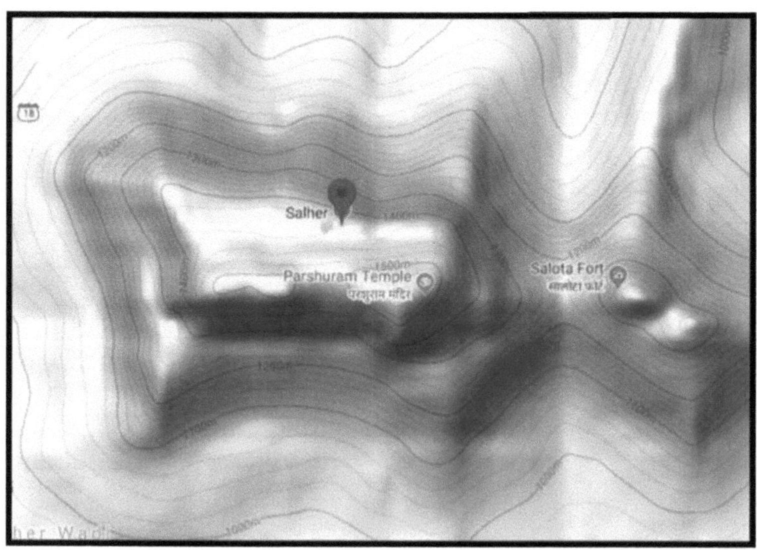

Fig. 3.23

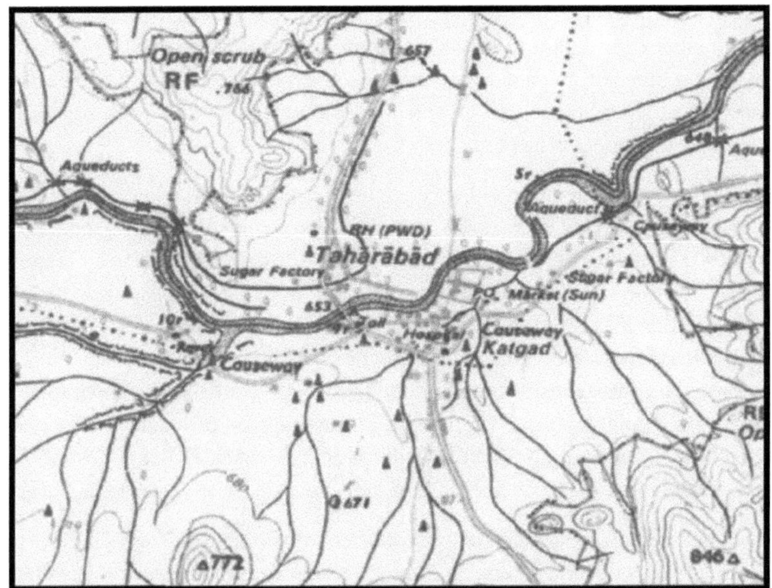

Fig. 3.24

História: O Forte de Salher esteve sob o domínio de Shivaji Maharaj em 1671. Os Mughals atacaram o forte em 1672. Quase um lakh de soldados lutou nesta guerra. Muitos soldados morreram nesta batalha, mas finalmente Shivaji Maharaj ganhou a batalha de Salher. De todas as batalhas frente a frente entre os mogóis e as tropas de Maharaja Shivaji, a batalha de Salher ocupa o primeiro lugar. Nunca antes se tinha vencido uma batalha tão importante. A bravura e a estratégia utilizadas pelas tropas maratas na batalha espalharam-se por todo o lado e aumentaram ainda mais a fama de Maharaja Shivaji. Depois de conquistarem Salher, os Marathas capturaram Mulher e estabeleceram o seu reinado na região de Baglan. [th]No século XVIII, os Peshwas ocuparam este forte e, mais tarde, os britânicos.

Sistema de drenagem: O rio Girna é o principal rio que corre ou se situa a leste das Sahyadries e a norte do Satmala. O Girna nasce a sul da aldeia de Cherai, a cerca de 8 km a sudoeste de Hatgad, nas Sahyadries. Corre quase para leste ao longo de um leito largo, com margens altas nalgumas partes, mas geralmente suficientemente baixas para permitir a utilização da água para irrigação - foram construídas várias barragens ao longo do curso principal, irrigando grandes áreas de terrenos hortícolas. O Girna, no seu curso superior, recebe vários afluentes quase do mesmo tamanho e igualmente úteis para a irrigação. Alguns dos seus afluentes do Girna são: Tambdi, Punand, Mosam, que correm à volta do forte.

Clima: No inverno, foram registadas temperaturas tão baixas como 4°C. O mês mais quente é maio, com temperaturas que atingem os 43°C. A precipitação média é de aproximadamente

650 mm, a maior parte da qual ocorre durante o período de junho a setembro. As noites são frescas mesmo durante o verão, devido às zonas montanhosas que a rodeiam.

Alojamento: Salher é ideal para acampar. Existem 3 grutas no forte que não têm morcegos e que podem ser um bom abrigo para acampar se não tiver tendas. A capacidade de alojamento no forte, nas grutas, é de 60 pessoas. A aldeia base do forte de Salher, ou seja, Taharabad, dispõe de hotéis e alojamentos nas imediações.

Transporte: O forte de Salher é visitado principalmente pelos turistas que gostam de escalada e de trekking. Principalmente no período de férias de inverno e durante as monções, muitos turistas visitam o forte de Salher. Os turistas dos Estados de Maharashtra e Gujarat visitam este forte, uma vez que se situa na fronteira entre estes dois Estados. A cidade mais próxima é Taharabad, que fica a 112 km de Nashik, via Satana. A subida ao forte de Salher pode ser iniciada a partir da aldeia de Waghambe, Salher ou Maldar. É necessário o mesmo tempo (2 horas) e esforço para subir a partir de qualquer uma das três aldeias. No entanto, a partir de Waghambe, é um caminho regular que chega à sela entre os fortes de Salota e Salher. A estação de comboios mais próxima é a de Manmad Jn, que fica a 81 km por estrada. Satana é a cidade mais próxima do Forte de Salher, com ligação rodoviária ao Forte de Salher.

Abastecimento de água: No forte, encontra-se um enorme tanque de água. Vários pequenos riachos recolhiam água de toda a zona do forte. Também se vê uma pequena cisterna. Toda a água parece ter sido armazenada no próprio tanque.

População: O local mais próximo do forte de Salher é Taharabad, em Baglan taluka, em Nashikt. De acordo com o censo de 2011, a população de Taharabad era de 7587 habitantes. O número total de casas na aldeia-base é de 1466.

Situação atual: A situação atual do forte de Salher em termos de turismo está na categoria de desenvolvimento. Salher tem um grande potencial de desenvolvimento turístico. O Departamento de Arqueologia da Índia, o Governo de Maharashtra e o MTDC prestam mais atenção à concessão de fundos, donativos e subsídios para o desenvolvimento das infra-estruturas do forte de Salher. No entanto, são necessárias tentativas sérias para desenvolver o turismo nesta região.

Principais problemas enfrentados pelos turistas: As opiniões e queixas dos turistas foram recolhidas durante o trabalho de campo. Há problemas de falta de eletricidade e não há guias turísticos no forte. As taxas de alojamento nos hotéis são bastante caras, o estacionamento, os esgotos e as casas de banho, as comunicações, as instalações médicas não estão em boas condições, etc. são os principais problemas enfrentados pelos turistas durante a visita ao forte de Salher.

Importantes centros turísticos no forte de Salher: No topo do monte existem belas grutas, tanques de água, o templo de Parshuram, uma cadeia de montanhas, vários acidentes geográficos, etc., que se encontram no forte.

Soluções para ultrapassar os problemas: Na ausência de instalações e comodidades básicas, a atividade turística no Forte não pode ser desenvolvida. Os turistas devem poder usufruir de transportes públicos, comunicações, actividades recreativas e de lazer, mercados, serviços de saúde, etc. Desta forma, devem ser feitas todas as tentativas para atrair os turistas do país e de outros países do mundo.

3.6 MÉTODO DE AMOSTRAGEM

Durante o inquérito ao forte, encontrámos diferentes tipos de turistas locais, domésticos e comerciantes. Neste relatório, fizemos diferentes tipos de perguntas aos turistas, de acordo com os questionários, e eles deram a sua opinião. Os turistas deram o seu feedback sobre o destino; foi muito simpático da parte deles darem as suas opiniões.

No total, foram recolhidas 83 amostras durante o trabalho de campo. Estas amostras correspondem a diferentes fortes de Nashik, como Anjaneri, Dhodap, Salhar, Ramshej, Malegaon, Harihar, etc.

Tabela 3.2: Tipo de turista

Type of Tourist	No. of Tourist	%
International	0	0
Domestic	37	44
Shopkeeper	22	72
Local	24	29
Total	83	100

Source: Field work 2017-18

3.7 ANÁLISE DOS DADOS

Os questionários para o inquérito sobre as fortalezas têm duas secções A e B. No questionário A, são apresentadas todas as informações pessoais do turista, como nome, idade, profissão, religião, sexo, rendimento mensal, estadia do turista (alojamento), etc. Na secção B, o questionário contém a opinião do turista sobre as instalações fornecidas no destino ao turista, como água potável, instalações de darshan, alimentação, sanitários públicos, controlo do tráfego, etc.

Quadro 3.3: Modo de deslocação

Mode of Travel	No of Tourist	Percentage
Railway	20	25
MSRTC	8	10
Hired vehicle	4	5
Owned vehicle	42	50
Other	9	10
Total	83	100

Source: Field work 2017-18

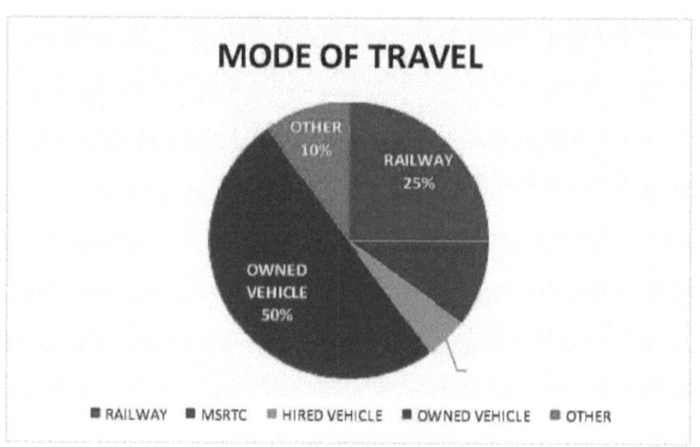

Fig. 3.25

A classificação do modo de deslocação dos turistas é apresentada na figura 3.25. De acordo com os dados, 25% dos turistas viajaram de comboio, 10% de MSRTC, 5% de veículo alugado, 50% de veículo próprio e 10% de outro modo para visitar os fortes da região de Nashik.

Tabela 3.4: Tipos de alojamento

Types of Accommodation	No. of Tourist	Percentage
Lodge	8	9
Govt Rest House	6	5
Dharamshala	2	3
Hotels	16	21
Friends/Relatives	36	37
Total	15	100

Source: Field work 2017-18

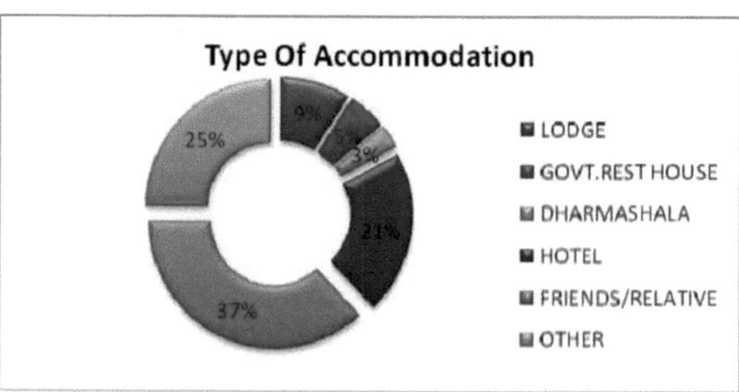

Fig. 3.26

A classificação do tipo de alojamento dos turistas é apresentada na figura 3.26. De acordo com os dados, 9% dos turistas ficaram alojados em estalagens, 5% ficaram alojados em casas de repouso governamentais, 3% ficaram alojados em dharmashala, 21% ficaram alojados em hotéis, 37% ficaram alojados em casa de amigos/parentes e 25% ficaram alojados noutros tipos de alojamento para visitar os fortes da região de Nashik.

Quadro 3.5: Alojamento

Accomodation	No of Tourist	Percentage
Excellent	15	1
Good	45	52
Satisfactory	20	27
Unsatisfactory	3	4
Total	83	100

Source: Field work 2017-18

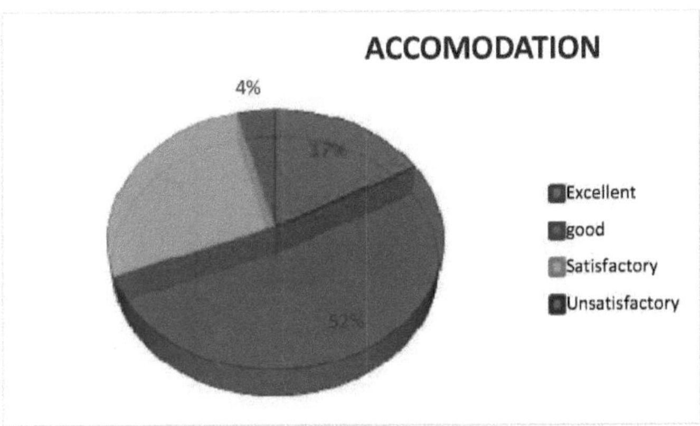

Fig. 3.27

A classificação do alojamento dos turistas é apresentada na figura 3.27. De acordo com os dados, 17% dos turistas disseram que as instalações eram excelentes, 52% dos turistas disseram que eram boas, 27% dos turistas disseram que eram satisfatórias e 4% dos turistas disseram que as instalações eram insatisfatórias no que diz respeito à visita aos fortes na região de Nashik.

Tabela 3.6: Transportes

Transportation	No of Tourist	Percentage
Excellent	25	30
Good	35	42
Satisfactory	14	17
Unsatisfactory	9	11
Total	83	100

Source: Field work 2017-18

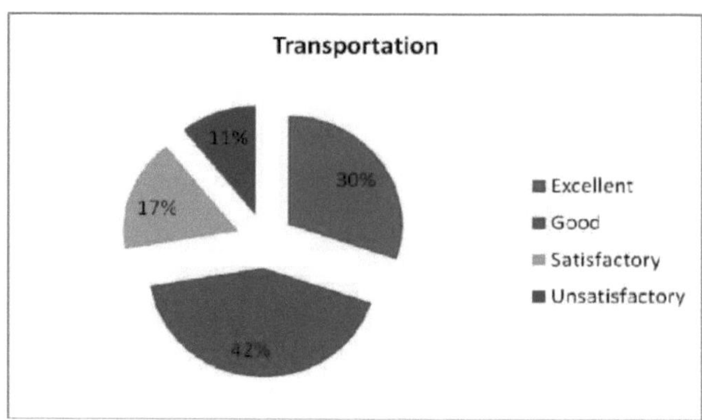

Fig. 3.28

A classificação dos turistas em termos de transporte é apresentada na figura 3.28. De acordo com os dados, 30% dos turistas disseram que as instalações são excelentes, 42% disseram que são boas, 17% disseram que são satisfatórias e 11% disseram que são insatisfatórias no que se refere à visita aos fortes da região de Nashik.

Quadro 3.7: Alimentação

Opinion	Food	Percentage
Excellent	12	15
Good	50	60
Satisfactory	19	23
Unsatisfactory	2	2
Total	83	100

Source: Field work 2017-18

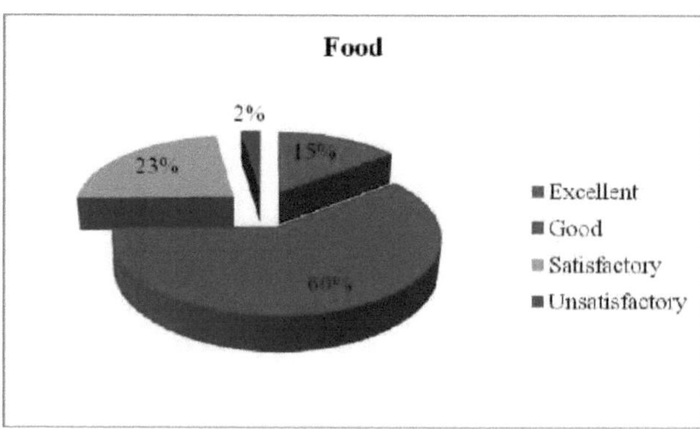

Fig. n.º 3.29

A classificação alimentar dos turistas é apresentada na figura 3.29. De acordo com os dados, 15% dos turistas afirmaram que as instalações são excelentes, 60% dos turistas afirmaram que são boas, 23% dos turistas afirmaram que são satisfatórias e 2% dos turistas afirmaram que as instalações são insatisfatórias no que diz respeito à visita aos fortes na região de Nashik.

Quadro 3.8: Facilidade de Darshan/Aventura

Darshan/Adventure Facility	No of Tourist	%
Excellent	20	24
Good	30	36
Satisfactory	25	30
Unsatisfactory	8	10
Total	83	100

Source: Field work 2017-18

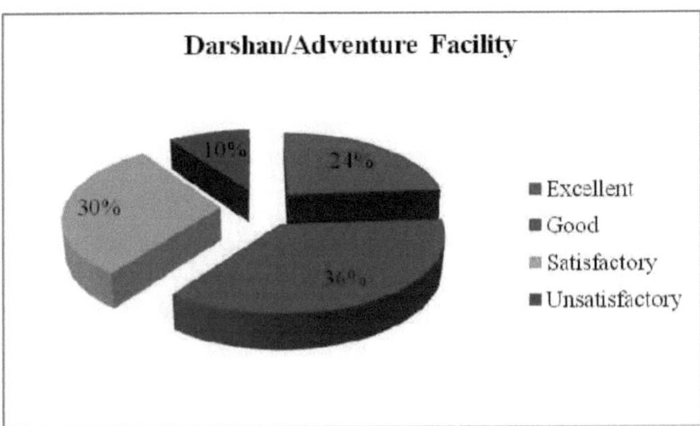

Fig. n.º 3.30

A classificação das instalações de Darshan/aventura dos turistas é apresentada na fig. 3.30. De acordo com os dados, 24% dos turistas disseram que as instalações são excelentes, 36% dos turistas disseram que são boas, 30% dos turistas disseram que são satisfatórias e 10% dos turistas disseram que as instalações são insatisfatórias no que diz respeito à visita aos fortes no distrito de Nashik.

CAPÍTULO 4
RESUMO, RESULTADOS E CONCLUSÕES

O turismo é considerado uma das maiores indústrias do mundo, que inclui muitas actividades económicas. É também considerado como uma fonte de receitas em divisas. Assim, sem troca de mercadorias, há troca de dinheiro, ideias, pensamentos e serviços entre as pessoas, o que conduz ao turismo.

No presente estudo, o SIG é utilizado como ferramenta para o Sistema de Informação Turística (S.I.T.) para sítios desenvolvidos e não desenvolvidos do distrito de Nashik. Os governos dos países subdesenvolvidos e em vias de desenvolvimento têm interesse no desenvolvimento do turismo como solução para fazer crescer o estatuto das suas economias a nível regional. Também incentivaram e facilitaram as viagens dos jovens geógrafos. Esta investigação pode dar atenção ao desenvolvimento da mão de obra e à formação através deste estudo. Também tem em conta as necessidades domésticas do distrito de Nashik, fornecendo informações como alojamento barato, meios de transporte fáceis, etc. O projeto traz benefícios socioculturais à comunidade local em termos de oportunidades de emprego, de geração de rendimentos e de sensibilização ambiental.

Um novo sítio de forte potencial dá uma ideia pormenorizada sobre o desenvolvimento de infra-estruturas de determinados fortes no distrito de Nashik. Os potenciais locais de fortaleza são muito ricos em recursos naturais e culturais, mas estes recursos turísticos não são totalmente utilizados devido a instalações turísticas inadequadas e à falta de informação sobre estes centros. Novos sítios de fortes potenciais podem proporcionar mais oportunidades de emprego devido ao aumento das instalações turísticas. Diferentes indicadores socioeconómicos e de marketing também geram dinheiro e ajudam a reduzir as disparidades regionais no distrito de Nahik. Os novos sítios de fortes potenciais reduzirão a pressão sobre os sítios turísticos existentes. Os novos locais de fortaleza potenciais para fins turísticos não estão plenamente desenvolvidos na região de Nashik devido à falta de planeamento em termos de alojamento, transportes, parques de estacionamento, más condições das estradas, eletricidade, comodidades no local da estrada, água potável, instalações médicas, etc., por exemplo, Ramshej, Dhodap, Salher, Anjaneri, Malegaon e Harihar. Por conseguinte, o desenvolvimento adequado de novos locais de forte potencial, tratando o turismo como uma "indústria" juntamente com o desenvolvimento industrial e agrícola, requer a atenção dos investigadores de diferentes disciplinas para encontrar soluções para o problema do desenvolvimento do turismo, o que, por sua vez, ajudará a aumentar as chegadas de turistas ao distrito de Nashik. Para tal, é necessário o papel do planeamento, da promoção e da publicidade, que podem criar um ambiente favorável ao turismo. A atração do local é aumentada através da promoção da arte local, do artesanato, das iniciativas culturais, da agricultura local, da alimentação e das instalações de navegação.

O desenvolvimento do turismo no distrito de Nashik concentra-se apenas na zona ocidental devido às melhores infra-estruturas, à fácil acessibilidade e à proximidade da cidade de Nashik. O desenvolvimento correto de novos locais de forte potencialmente adequados, tratando o turismo como uma "indústria" juntamente com o desenvolvimento industrial e agrícola, requer a atenção de várias disciplinas. Encontrar uma solução para o problema do desenvolvimento do turismo, o que, por sua vez, contribuirá para aumentar as chegadas de turistas ao distrito de Nashik. O turista passará pelo menos uma noite na região, o que deverá contribuir para a economia local. O estudo tem um significado especial para o governo, as suas agências e outras organizações envolvidas na definição de políticas e no planeamento, na avaliação do impacto do desenvolvimento e no sistema de gestão e controlo destes centros potenciais.

O principal objetivo do trabalho proposto era avaliar o potencial turístico dos principais fortes em Nashik, Maharashtra. Na área de estudo e para preparar uma base de dados para os centros turísticos existentes e recém-descobertos, bem como para preparar um novo mapa turístico da área de estudo com um Sistema de Informação Turística (STI) adequado e atualizado com a ajuda da técnica SIG. Nas três fases da metodologia, a primeira fase, ou seja, a fase de trabalho de pré-campo, a revisão da literatura, a segunda fase, ou seja, a fase de trabalho de campo, foram efectuados inquéritos de campo exaustivos sobre as instalações turísticas relativas ao destino, fotografias, leitura de GPS e entrevistas pessoais a turistas. Na terceira fase, ou seja, o trabalho de laboratório, o mapa PWD do distrito de Nashik foi digitalizado e, em seguida, digitalizado para gerar camadas temáticas, sendo estas camadas analisadas para demarcar zonas com potencial turístico e locais adequados. Todo o trabalho é apresentado em cinco capítulos integrados, que podem ser resumidos da seguinte forma.

O distrito de Nashik situa-se entre 19°35'18" N e 20°53'07" N de latitude e 73°16'07" E e 74°56'27" E de longitude. A área geográfica total do distrito é de 15530 km^2 . A sede do distrito está localizada em Nashik. O distrito é constituído por 15 tahsils. O distrito de Nashik é composto por 15 talukas e 1922 aldeias. O distrito de Nashik é delimitado por altas cadeias montanhosas constituídas por fluxos de lava basáltica do Deccan Trap. O distrito de Nashik recebe uma precipitação média anual de 812 mm. O padrão de utilização dos solos no distrito de Nashik coincide aproximadamente com a fisiografia da zona. A zona de estudo é caracterizada por um clima seco, pelo que apresenta uma vegetação esparsa ou escassa na parte oriental, enquanto a vegetação relativamente densa ocorre na parte ocidental, onde se registam fortes precipitações. As cristas e os cumes das colinas estão cobertos por uma floresta reservada constituída por pequenos arbustos, arbustos e árvores, bem como por matos abertos, resíduos pedregosos, pastagens e terrenos estéreis em alguns locais. Na região de estudo, encontram-se florestas subtropicais de montanha, florestas semi-verdes, florestas mistas húmidas de folha caduca, florestas mistas secas de folha caduca e florestas secas de teca. O distrito de Nashik apresenta quatro tipos de formação de solo: preto, vermelho, castanho e arrozal. A região central e oriental do distrito está praticamente ocupada por culturas agrícolas. De acordo com os Censos de 2001, a população do distrito de Nashik era de 4 993 796 habitantes, dos quais 3769128 do sexo masculino e 463427 do sexo feminino, tendo a população aumentado para 6 107 187 em 2011. A densidade populacional do distrito de Nashik era de 603/km^2 , o que representa uma densidade populacional bastante elevada. As caraterísticas geográficas, como as montanhas, os rios, as cascatas, as florestas, a vida selvagem, etc., funcionam como centros de atração turística e os monumentos históricos, os fortes, os palácios e os templos antigos proporcionam grandes possibilidades de desenvolvimento turístico. O potencial de desenvolvimento do turismo em qualquer área depende em grande parte da disponibilidade de recursos recreativos, como picos de montanhas, rios, lagos, cascatas, reservatórios, florestas, vida selvagem e monumentos históricos, objectos de arte, feiras ou festivais.

No contexto das facilidades turísticas disponíveis, não basta apenas assegurar que a viagem do turista seja confortável e rápida e tenha uma hospitalidade adequada, mas que as facilidades alargadas estejam ao seu alcance, de acordo com as expectativas e os gostos do turista. Tendo em conta este facto, as infra-estruturas, os bens e os serviços turísticos disponíveis podem ser diversificados com base em diferentes considerações e perspectivas. Foi feita uma tentativa de analisar os cinco aspectos micro das instalações turísticas disponíveis no distrito de Nashik, tais como alojamento, transporte, instalações médicas, entretenimento e recreação. Nashik tem também outras instalações para o turista, ou seja, o posto de turismo do MTDC, que está localizado na cidade de Nashik. Em termos de alojamento, a cidade de Nashik oferece boas instalações nos seus hotéis, motéis, lodges e dharmashalas. Os serviços de transporte fornecidos pelos caminhos-de-ferro centrais, MSRTC, PMT e PCMT, etc., são satisfatórios. As instalações comerciais não são adequadas à distância, exceto a cidade de Nashik. Os outros centros têm instalações limitadas no que respeita ao turismo. O distrito está bem ligado à capital do estado e à região circundante através de estradas distritais e caminhos-de-ferro. O comprimento total das estradas é de 18976,72 quilómetros, dos quais 415 quilómetros são cobertos por auto-estradas nacionais, 1991,96 quilómetros por auto-estradas estatais, 4078,96 quilómetros por estradas distritais principais e 2367,04 quilómetros por outras estradas distritais. A extensão ferroviária de bitola larga é de 311 quilómetros. Durante o ano de 2013-14, o número de estações de correio nas áreas do distrito de Nashik foi de 427.

Maharashtra é o terceiro maior estado da Índia, tanto em área como em população. Maharashtra é uma terra de fortalezas, com os seus 350 fortes ímpares. A Archaeological Survey of India (ASI), uma agência controlada pelo governo da União, controla 29 dos fortes mais importantes. O departamento estatal de arqueologia controla 39 outros fortes e 99 são desprotegidos. Os restantes 183 fortes são controlados pelo departamento de receitas, que pouco sabe de arqueologia, ou são propriedade privada

(Política de Turismo de Maharashtra, 2016). Existem 64 fortes no distrito de Nashik. Cada forte tem a sua própria importância e singularidade. A elevação mínima do forte de Malegaon é de 435 m e a elevação máxima do forte de Salher é de 1510 m. Os fortes de Ramshej,

Anjaneri, Malegaon, Salher, Harihar e Dhodap foram selecionados para avaliar o potencial turístico destes locais.

Com base no inquérito de campo efectuado no distrito de Nashik, são tiradas as seguintes conclusões:

> Verifica-se que os recursos socioeconómicos funcionam como elementos positivos para o crescimento do turismo na área de estudo.

> Verifica-se que o número de centros turísticos se concentra na parte ocidental do distrito de Nashik, por exemplo, Igatpuri, Tribakeshwar, Dindori e Kalwan. Por conseguinte, existe uma grande margem de manobra para o desenvolvimento de novos centros turísticos na parte oriental do distrito, uma vez que os centros turísticos devem fazer face à taxa de crescimento da população nesta zona.

> Os locais com potencial turístico de fortes foram analisados com base em parâmetros de adequação do local. Estudos de caso (no capítulo III são apresentados pormenores sobre os estudos de caso) que serão úteis para o desenvolvimento do turismo de fortes no distrito.

RECOMENDAÇÃO

a) Para promover e desenvolver o turismo no distrito, há uma necessidade urgente de melhorar as instalações e os equipamentos de transporte. As autoridades turísticas devem criar instalações de apoio, tais como bombas de gasolina, instalações de água, instalações médicas em Ramshej, Salher, Dhodap, Ankai, Kulang, etc. As condições das estradas devem ser melhoradas e as estradas não pavimentadas (Kachha) devem ser convertidas em estradas pavimentadas em Mora, Rajdher, Kankrala, Hargad, etc. Os fortes das zonas rurais devem dispor de serviços regulares de autocarros, nomeadamente Dundha, Jawlya, Karha, Katra, etc. Na época turística, devem ser disponibilizados aos turistas e peregrinos autocarros confortáveis e um número adequado de riquexós, jipes e automóveis em Ajmera, Kanhergad, Ranjangiri, Bishta, etc.

b) Atualmente, o turismo médico, o agroturismo, o eco-turismo e o turismo de saúde estão a crescer rapidamente. Alguns pacientes médicos que necessitam de um clima seco para o efeito, como Bhilai Dubera, Khairai, Premgiri, etc., devem ser desenvolvidos como centros de turismo médico e de saúde. Os sítios de ecoturismo devem ser desenvolvidos na maioria dos locais rurais do distrito de Nashik, como Mesana, Koldeher, Mordhan, Songhad, etc., que são ideais para o desenvolvimento sustentável da região e criarão oportunidades de emprego nesta área e melhorarão o seu nível de vida. Existem alguns locais como Parvatgad, Pisolgad, Songiri, Dermal, etc. Na altura da lua cheia (exceto na estação das chuvas), o turista pode desfrutar e observar os animais da região seca, como coelhos, taras, veados e veados-malhados, etc.

c) A maior parte dos novos locais potenciais para a construção de fortes enfrenta o problema do alojamento, por exemplo, Rawlya, Nhavigad, Gadgaba, Aundha, etc., no distrito de Nashik. Assim, o problema do alojamento deve ser resolvido através da construção de hotéis, motéis, pousadas de juventude, alojamentos, dharmshalas, dormitórios e casas de repouso MTDC. O turista deve ter acesso a alojamento barato e confortável.

d) Cada centro turístico tem a sua própria capacidade de acolhimento de turistas. Se este for utilizado em excesso, as infra-estruturas serão sobrecarregadas e o ambiente será perturbado. Por conseguinte, o fluxo extra de turistas deve ser desviado para outros centros turísticos próximos, por exemplo, Bitangad, Waghera, Wadipisol, Bhilwad, etc.

e) O Governo deveria organizar medidas de segurança e equipas de salvamento com formação adequada na maioria dos fortes, especialmente em Manikpunj, Mulher, Salota, Patta, Kulang, etc., onde os incidentes mortais são frequentes.

f) Devem ser disponibilizados tradutores/intérpretes de línguas (guias com formação especial) para turistas de outros países e estrangeiros em cada local.

g) O Governo de Maharashtra deve preparar sítios Web de locais turísticos com informações adequadas e actualizadas para os turistas locais e estrangeiros.

h) As instalações desportivas devem ser desenvolvidas. Os desportos de aventura, como o trekking e a escalada, também são organizados no distrito, por exemplo, em Indrai, Galna, Chanwad, Alang, Ahivant, etc., respetivamente.

BIBILOGRAFIA

Alex Boakye Assiden (2003) 'Factors of Visitors Satisfaction at Recreational Sites in Ghana, Geographical Review of India, Vol. 65, No.4 Dec. 2003 P.P. 305-319.

Anand M.M. (1976): Tourism & Hotel Industry in India, Prentice Hall of India Pvt. Ltd. New Delhi,

Anderson V, Prentice R. e Guerin S. (1997). *Imagery of Denmark Among Visitors of Danish Time Arts Exhibitions in Scotland.*Tourism Management.18(7)p- 453-464.

Aneja Puneet (2005). Tourism in India-Challenges ahead (Turismo na Índia-Desafios futuros). Kurukshetra, junho de 2005, Vol.53, No.8 pg11.

Arif Ali (Ed.)(1997) India- a Wealth of Diversity- Hansib Publication, Tower House, 141-149 Font Hill Road, London N4 3HF England,

Ashworth G. e Goodall B (1990). *Imagens turísticas : Considerações de marketing ; Marketing in Tourism Industry.* Londres: Routledge.

Asif Iqbal Fazili e S. Husain Ashraf (2006), "Tourism in India Planning and Development", publicação de Sarup & Sons, Nova Deli, 2006.

Bala Usha (1990) - Tourism in India-Policy & Perspective, Arushi Prakashan, F.48, Green Park (Main), Nova Deli.

Basak, Tarak, Nath (1985) - International Tourism in India, Geographical Review of India, Vol.49, pp. 15-27.

Batra K.L. (1990) - Problems & Prospects of Tourism, Printwell Publisher, Jaipur, Índia

Batta & Bhatti (2000): Tourism & the Socio-Cultural Environment: A Study of Himachal Pradesh, Nova Deli.

Batta (2000) - Tourism & the Environment: A Quest for Sustainability, Indus Publishing Co., New Delhi.

Benton W. (Editor) (1973-74) - The New Encyclopedia, Britanica, Royal Geographic Society

Bergman & Renwick (1998): Introduction to Geography-People, Places and Environment, Prentice Hall, Upper Saddle River, New Jersy-58.

Bhalla Pankaj (2004) Potential of Tourism- A Study of Himachal Pradesh, Sonali Publication, New Delhi.

Bhatia A. k. (1991): International Tourism Fundamental & Practices. Sterling Publishers Pvt. Ltd., L-10, Green Park Extension, Nova Deli 110016, pp.464-466,

Bhatia A.K. (1978) Tourism in India- History & Development, Sterling Publishers Pvt. Ltd. New Delhi.

Bhatia A.K. (1986) - Tourism Development- Principles & Practices, Sterling Publishers Pvt. Ltd. New Delhi.

Bhatia A.K. (1997). Tourism Management and Marketing, Sterling Publishers, New Delhi, 1997 pg 39-41.

Bishoyi Deepak (2007): Turismo e Desenvolvimento Económico, Discovery Publishing House, Ansari Road, Darya Ganj, Nova Deli-2.

Burkant A.J. & Medlik S. (1974) - Tourism Past, Present & Future, Heinemann, Londres, pp.5-40.

Resumo dos Censos - Distrito de Satara (2001) Publicação do Governo de Maharashtra.

Manual de Recenseamento - Distrito de Satara (1991) - Publicação do Governo de Maharashtra.

Relatório dos Censos (2001) - Resumo Provisório Distrital, Censos da Índia, Governo da Índia.

Chakravarty Ilika (1991) - Tourism & Regional Development - A case of study Maharashtra. Revista Indiana de Ciência Regional, XXXI No.2, Vol. 62.

Chakraverty Ilika (2000) - Domestic Tourism in Maharashtra, Geographical review in India, Vol. 62.

Chatterjee N.N. (1975) - 'Status of India Tourism' Yojana, Vol. XIX, No.11, Planning Comissão da Índia, Nova Deli

Chawala Romila (2004) - Economics of Tourism & Development- Sonali Publication, **New Delhi.**

Chawala Romila (2004) - Heritage Tourism & Development, Sonali Publication, New Delhi.

Chawala Romila (2004) - Cultural Tourism & Development - Sonali Publication, New Delhi.

Chawala Romila (2004) - Tourism in the 21st Century, Sonali Publication, New Delhi.

Chopra Sunita (1991) - Tourism & Development of India, Ashish Publishing House, 8181 Punjabi Bagh, New Delhi.-100026.

Chowla Romila, (2003). Tourism Research, Planning and Development, Sonali Publishers, New Delhi, 2003pg.41.

Chowla Romila, (2008). Adventure Tourism, Rajat Publishers, New Delhi, 2007 pg.45.

Cohen E. (1978) - The Impact of Tourism on the Physical Environment, Annals of Tourism

Research, Vol.5 No. 2.

Cook, Peta S, (2008). O que é o turismo médico e de saúde? In: The annual conference of the Australian Sociological Association, conference paper, 2 a 5 de dezembro de 2008, The University of Melbourne, Victoria. http://eprints.qut.edu.au/16804/.
March, Roger St George, (2008). Conceptual Tools for Evaluating Tourism Partnerships, The University of New South Wales.

Douglas Pears (1987)- Tourism Today- 'A Geographical Analysis', Co- publicado nos Estados Unidos da América com John Wiley & Sons, Inc.; New York, U.S.A,

Dube D.P. (1977)-Bharat *Ke Durg*, publicado por Information & Broadcasting Minsitry of India.

Dube D.P. (1989) - Kumbhamela - Origin & History of India's Greatest Pilgrimage Fair, The national Geographic Journal of INDIA, VOL.33 (PART 4) December 1989 pp. 486-492.

Dulari, Gupte, Qureshi (1996) - Tourism Potential in Aurangabad, Bhartiya Kala Prakashan, Delhi.

Dutta, S. (1980): Eastern Region, Yet to make up to its Potentials. Eastern Economist, Vol.33, pp.1-5.

Emanuel, Kadat (1979). Tourism- Passport to Development, Oxford University Press.

Boletim da Presidência de Bombaim - Distrito de Satara. (1880), por- Gazetteers Department, Govt. of Maharashtra.

Ghanekar, P.K. (2000) *Kokanatil Paryatan*, Snehal Prakashan,

Ghanekar, P.K. (1998): *Aad Watevarcha Maharashtra*, Snehal Prakashan, 498-Sahaniwarpeth, Pune-30

Ghimire Him Lal, (2004). New Strategies for Tourism Marketing in Nepal, The Journal of Business Studies, Vol.2 No.1, December 2004 pg 95.

Gill. Pushinder (1997) - Série Dynamics of Tourism. Perspectives on Indian Tourism. Anmol Publication Pvt. Ltd. 4374/413, Ansari Road, Daryagani, Nova Deli - 110002

Gunaji Milind (2003) - Of beat Tracks in Maharashtra, A Travel Guide Popular Prakashan Pvt Ltd. Mumbai.

Gunn, C. (1994): Tourism Planning, Third Edition, D.C. Taylor & Frencis, Washington.

Gupta S.P. & Krishna Lal (1999): Tourism Museums & Monuments in India, Oriental Publishers, 1488, Patawedi House, Daryaganj, Delhi.

Gupta V.K. (1987): Tourism in India, Gyan Publishing House, Delhi- 7.

Hall, D., Brown, F., (2000). "Tourism in Peripheral Areas", Channel view, Clevedon ,U.K., pp. 110-118 , 2000.

Harpale D.V. (2009). Tese de doutoramento não publicada intitulada "New Tourist Centers And Their Site Suitable, A Case Study Of Pune District, Maharashtra State" apresentada à Universidade de Solapur, Solapur.

Harpale D.V., Harane S.S. (2018). "Avaliação do Potencial Turístico dos Fortes no Distrito de Pune com a ajuda do Sistema de Informação Geográfica" artigo publicado no procedimento de Conferência, STHMCON 2018, NEHU, Shillong. pp. 133-142.

Harpale D.V., Dhongade M., Sharma A., Jadhav S., Khode R. (2018). "Avaliação do potencial turístico dos fortes no distrito de Nashik" Projeto de investigação apresentado para o grau de pós-graduação MA./M.Sc. da Universidade SP Pune, Pune.

Hunter & Green (1995) Tourism & the Environment: A Sustainable Relationship, Roultdge, 10-12.

James Murdy (2006). Anti-Competitive Practices In The Tourism Industry: The Case Of Small Economies A.E. Rodriguez, Universidade de New Haven James Murdy, Universidade de New Haven, *Journal of Business & Economics Research - outubro de 2006 Volume 4, Número 10.*

Javed Akhtar- (1990)- 'Tourism Management in India', Ashish Publishing House, New Delhi.

Joshi (etd.) (1983) Kumaon Himalayan - Geographical Perspective on Resources Development, Gyanodaya Prakashan Nainital - pp. - 32.

Kamra, Krishan K. (1993) - Managing Tourist Destination, Kanishka Publishers, New Delhi, pp.13-24.

Karve Iravati (1962) - On the Road -A Maharashtra Pilgrimage. Journal of Asian Studies, XXIII, Nov.1962 pp. 13-19.

Kaul R.N. (1985): Dynamics of Tourism A Trilogy, Sterling Publisher Pvt. Ltd., Delhi, pp. - 4.

Kaur Jagdish (1985) - 'Himalayan Piligrimage and the New Tourism', Himalayan Books, New Delhi.

Kulkarni, Y.S. (1999): Stories of Parshuram, Anmol Prakashan, Pune-2.

Kumar Maneet (1992) - Tourism Today- An Indian Perspective, Kanishka Publishing House, 9/2325, Street No.12, Kailash Nagar, Delhi-31.

Lepier N. (1976) - The Framework of Tourism, Annals of Tourism Research,

Marvah & Ganguli (1999): Travel & Tourism, Manan Publication, Mumbai.

Mate M.S. (1962) - Temples & Legends of Maharashtra, Bhartiya Vidya Bhavan, Chaupaty

Bombay.

Matheson, Alistair e Wall Geoffrey (1983) - Tourism- Economic, Physical & Social Impact, Longman, London & New York.

Mieczkowski (1995); Environmental Issues of Tourism & Recreation, Nova Iorque; University Press of America.

Misra S. K. (1990): Tourism in India- Policy & Perspective; Prithvi Prakashan, New Delhi.

Mukta (1992): Sadguru Swami Swaroopanand, Shri Swami Swaroopanand Mandal Publication, Pawas, Dist Ratnagiri.

Muraleedharan.D (2004). The Concepts, Dimensions and Issues of Eco-tourism, The Journal of Business Studies, Vol.2 No.1 December 2004pg 27-32.

Murphy, P.E. (1990): Tourism A Community Approach, New York & London Publication.

Navale A.M. & Deshmukh S.B. (1989): A View on Pilgrimage Tourism- A Study in Human Gegoraphy; The National Gegrophy Journal of India, Vol. 33 pp.1.

Negi, J. (1990) Tourism & Travel- Concept & Princilpes, Gitanjali Publishing House, New Delhi.

Niyon, J. (1954): 'The Mechanics of Questionnaire Construction, Journal of Educational Reserch, Vol-62, março de 1954, pp.-481-487.

Patil Rakesh V. (2011). Potencial de Ecoturismo do Forte Salher, distrito de Nashik, Revista Internacional de Pesquisa Refereed ■ www.researchersworld.com ■ Vol.- II, Issue -4,Oct. 2011 pp. 135 a 141.

Prentice K. (1993). *Tourism and Heritage Attractions*, Londres: Routledge.

Punic Bijendra, K. (1999): Tourism Management- Problem & Prospectus, Ashish Publishing House, Panjabi Bagh, New Delhi-6.

Rai, H. (1993): Development of Tourism in India, Print well Publisher, Jaipur, Índia.

Rai, H.C. (1998). Hill Tourism: Planning and Development, Kanishka Publisher, New Delhi.

Raj Aparna (2004): Tourist Behaviour- A Psychological Perspective, Kanishka Publishers, New Delhi.

Ranga Mukesh (2003) Tourism Potentials in India, Abhijit Publications, Delhi-94.

Rathi Vinay Jha (2002): "Towards A New Tourism Policy", Employment News, pp. 915, Fev. 2002.

Remanan.K, (2004). Evils of Tourism, The Journal of Business Studies, Vol.2 No.1 , 2004 pg 85.

Robinson, H. (1976). Geography of Tourism, Macdonald and Evence Ltd, Londres, pp. XXIV - XXV.

Robinson, H. (1976): Geografia do Turismo, MacDonald & Evence Ltd. 8, John Street, Londres.

Sasankan Silpa, (2004). Human Resource Development in Tourism Industry of Kerala, dissertação de mestrado, Universidade de Kerala.

Selvan, M. (1992); Tourism Industry in India, Himalaya Publishing House; Bombaim, Nagpur.

Seth, P.N. (1997): Successful Tourism Management, Vol.I, Sterling Publisher Pvt. Ltd., L-10, Green Park Extension, Nova Deli-110016.

Sharma Shaloo (2002): Indian Tourism Today -Policies & Programmes, ABC Publishers, B-46, Natraj Nagar, Jaipur, p.p.302-315.

Sharma, K.K. (1991): Tourism in India, Classic Publishing House, Chaura Rasta, Jaipur, Índia.

Sharma, S.S. (2004): Tourism Education, Principles, Theories & Practices, Kanishka Publishers, New Delhi.

Shelly Leela (1991): Tourism Development in India, I.L. Jain, Arihant Publisher, J.l.Nehru Marg, Jaipur, Índia.

Silberberg T. (1995). *Turismo Cultural e Oportunidades de Negócio para Museus e Sítios do Património.*Tourism Management.Vol 5---,361-365.

Sinclair (1998): Tourism and Economic Development- A Survey, The Journal of Development Studies, Vol-34, pp.1-49

Sing S.N. (1986): 'Geography of Tourism & Recreation- with special reference to Varanasi', Inter- India Publication, D-17, Raja Garden, Extension, New Delhi, India.

Singh Kuldip (2007): Tourism Potential & Tourist Infrastructure in Amritsar, Institute of Town Planners India (ITPI), Journal, Vol-4, pp.58-66.

Singh Shalini (1992): 'Geographers on Tourism Recreation & Research - A Geography of Tourism Vol. 17 (1), 1992.

Singh, P.P. (1978) Economic Potentials of Tourism in Himachal Pradesh with Special Reference to Simla. Relatório do projeto, Departamento de Administração do Turismo de Shimla, Universidade de Himachal Pradesh.

Sinha Amita (1994): Pilgrimage Journey to the Sacred Landscape of Braj (Viagem de

Peregrinação à Paisagem Sagrada de Braj). Jornal Geográfico Nacional da Índia, Vol.40, pp- 239-248.

Subhash N. Nikam (2003). Apresentou o seu trabalho de investigação (tese de doutoramento não publicada) intitulado "Potential and Prospects for Tourism Development in Nashik District".

Thangamani, K. (1976): 'Behavioral Pattern of Foreign Tourist. - Related Economy & Areas Development". The Deccan Geographer, Vol. XIV julho-dezembro-1976.

The Department of Environment (DOE: 1995) Coastal Planning and Management- A Review Earth Science Information Needs, publicado por HMSO, Londres - pp. 33-34.

Thomas Asha E.e Raju.G, (2004). Rural Tourism-Socio Economic Impact, The Journal of Business Studies, Vol.2 No.1, December 2004, pg 90.

Usha Bala (1988) Tourism in India- Policy & Perspectives; Arushi Prakashan, F.48, Green Park, New Delhi.

Diretório de Aldeias e Cidades de Nashik (1991, 2001, 2011). Diretor da Operação de Recenseamento de Maharashtra, Mumbai.

Zeppel H. e Hall M (1991). *Selling Art and History : Cultural Heritage and Tourism.* The Journal of Tourism studies 2(1). 29 - 45.

<u>Sítios Web</u>

1. www.wikipedia.com
2. www.encyclopedia.com
3. www.nomadtrekkers.in
4. www.trekshitiz.com
5. www. youtube .com
6. www.tripadvisor.in
7. www.trawell.in
8. www.pinterest.com

FOTOGRAFIAS

Foto 1: Caminho para o Forte de Anjaneri

Foto 2: Tanque de água e um templo de Hanuman no forte de Anjaneri

Foto 3: Entrada principal do Forte de Malegaon

Foto 4: Vista interior do Forte de Malegaon

Foto 5: Vista exterior do Forte de Ramshej

Foto 6: Ram Mandir e tanque de água no Forte Ramshej

Foto 7: Vista exterior do Forte de Harihar

Foto 8: Forte de Harihar

Foto 9: Percurso do terraço do Forte de Harihar

Foto 10: Armazenamento de géneros alimentícios no Forte de Harihar

Foto 11: Vista exterior do Forte de Dhodap

Foto 12: Forte de Dhodap no cimo da montanha

Foto 13: Forte de Salher

Foto 14: Grutas do forte de Salher

Foto 15: Templo e Forte de Kawanai

Foto 16: Forte de Mangi-Tungi

Foto 17: Saptashrungagad (Vista do templo e do cume)

Foto 18: Hotéis no sopé do forte de Hatgad

Foto 18: Forte de Hatgad

Apêndice I

Desenvolvimento do turismo de fortes no distrito de Nashik, Maharashtra, Índia

Questionário - A

(Opinião de um turista)

- Nome do centro turístico- _______________________________

- Nome e endereço do turista _______________________________

Sr.No	Criterion	Sub- criterion	Tick mark
1	Age		
2	Sex		
3	Religion and Caste		
4	Marital Status		
5	Other Relatives		
6	Edu. Qualification		
7	Occupation	Agriculture Business Service Other	
8	Monthly Income (In Rs.)	Less than Rs. 50,000/- Rs. 50,000/- To 1,00,000/- Rs. 1,00,0001 To 1,50,000/- More than Rs. 1,50,000/-	
9	Purpose of Visit	Pilgrimage Entertainment Business Government work Service Friends and Relatives	
10	How many time visited	Once in a year Frequently First Time	
11	Mode of Travel	Railway MSRTC Hired Vehicle Owned Vehicle Other	
12	Stay at Tourist center	One Day Two Day Three Day Four Day More than four days	

13	Type of Accommodation preferred	Lodge Govt. Rest House Dharmashala Hotel Friend's/ Relative's	
14	Travel Accompany	Family Friends Tourist Group School/ College Tour	
15	Most favorable/ preferred Tourist season	Kartiki Ashadi Diwali Ekadashi New Year Week End Summer Vacation Fairs	
16	Purchase of Devotional articles, products.	Up to Rs. 100/- Up to Rs. 250/- Up to Rs. 500/- Up to Rs. 1,000/- More than Rs. 1000/-	

Data -:

Local -:

Assinatura

Desenvolvimento do turismo de fortes no distrito de Nashik, Maharashtra, Índia

Questionário - B

1] Opinião dos turistas sobre as infra-estruturas

A)   Accommodation

Index	Excellent	Good	Satisfactory	Unsatisfactory
1				
2				

B) Transportation

Index	Excellent	Good	Satisfactory	Unsatisfactory
1				
2				

C)   Food

Index	Excellent	Good	Satisfactory	Unsatisfactory
1				
2				

D)   Darshan Facility

Index	Excellent	Good	Satisfactory	Unsatisfactory
1				
2				

2] Views of the Tourists about the behaviour of local people

Index	Excellent	Good	Satisfactory	Unsatisfactory
1				
2				

3] Views of the Tourists about the Tourist Center

Index	Excellent	Good	Satisfactory	Unsatisfactory
1				
2				

4] Views of the Tourists about Safety

Index	Excellent	Good	Satisfactory	Unsatisfactory
1				
2				

5] Suggestions

Data -
Lugar -
Assinatura

Apêndice-II

Lista dos fortes do distrito de Nashik, Maharashtra, Índia

Sr.No	Name of Fort	Elevation (m)	What to See
1	Achala fort	1219	Ruins of buildings, store houses and water tanks
2	Ahivant Fort	1219	Ruins of store houses and arches
3	Alang Fort	1364	Caves, small temple, water cisterns
4	Ankai Fort	961	Ancient fort, Trekking facility, Ankai Caves
5	Bhaskargad	1061	Rock cut steps, rock cut water cistern
6	Chandwad fort	1361	Water tanks and a temple
7	Galna	692	Water cisterns and temple
8	Harihar fort	1114	Series of rock-cut water cisterns,palace
9	Indrai fort	1361	Rock cut water cisterns, inscription in Persian language
10	Kanchana Fort	1361	Rock cut steps, caves,trekking
11	Kankrala	750	Rock cut steps, caves, trekking
12	Kulang Fort	1462	Rock cut steps, caves
13	Madangad Fort	1485	Caves and water cisterns
14	Malegaon fort	435	Two cannons, hexagonal well
15	Mora fort	1348	Rock cut cisterns and caves
16	Patta Fort	1382	Trekkers and temple
17	Rajdher fort	1336	Rock cut water cistern
18	Salota fort	1511	Rock cut water cistern, trekking
19	Tankai fort	970	Rock cut steps, dry water tanks
20	Tringalwadi	981	Statue of Lord Hanuman about 6-7 feet high, dry cisterns, 2-3 caves
21	Mulher fort	1300	Historical fort, temple, caves, lakes
22	Salher fort	1558	Historical fort, 3-4 caves
23	Hatgad fort	1091	Enjoy downhill and valley views, Trekking
24	Manikpunj fort	455	Historical fort, Trekking facility
25	Kavnai fort	758	Small ponds, trekking
26	Bhilwad fort	932	Mangi Tungi fort, Caves, Jain Temple, Trekking facility
27	Wadipisol fort	905	Historical fort, Trekking facility
28	Ramshej fort	970	Fort, Trekking facility
29	Waghera fort	1155	Waterfall, Trekking, Landform, Natural Beauty,rock cut water cisterns
30	Anjaneri Fort	1364	Carvings, Temple of Anjani Mata, Plateau, Seeta Cave
31	Dhodap fort	1463	Trekkers and adventurous site
32	Bitangad fort	1212	Few remnants,watch tower
33	Dundha fort	691	Small water tank, temple of Dundheshwar Maharaj
34	Hargad fort	1348	Ruins of a temple, water cisterns
35	Jawlya fort	1091	Caves, water cisterns, rock cut steps
36	Karha fort	932	Temple of Goddess Bhavani and two dried water tanks
37	Markandeya fort	1328	Ponds and caves
38	Aundha fort	1333	Trekkers, water ponds,caves
39	Chaulher fort	1121	Various tanks, Moti take, Shevalya take etc.
40	Gadgaba (Ghargad)	956	Water cisterns,temple
41	Katra fort	812	Small temple of Lord Shiva,water tanks

No.	Fort	Height	Features
42	Mohandar(Shidaka)	1182	Bastion and a fortification wall,two dried water tanks,
43	Nhavigad fort	1242	Water tanks and a temple
44	Ranjangiri fort	845	2 tanks, pinnacle
45	Ajmera fort	865	Caves, remnants of some structures, dried up pond
46	Dehergad (Bhorgad)	1085	3 water tanks, remnants of mansions, temple
47	Kanhergad fort	656	Rock cut bastion, water cisterns, rock cut cave
48	Mangi-Tungi fort	950	Caves with idols of deities & sages, carved from the mountain rock
49	Rawlya fort	1324	4-5 water tanks, rock cut steps, natural beauty
50	Bishta fort	1023	Remnants of 6 structures, dried water tanks
51	Dermal fort	1121	Caves,water cisterns, rock cut steps
52	Gorakhgad(Manmad)	925	Banyan tree, rock cut cave, water tank
53	Songiri fort	530	Water tanks with remnants of ramparts and mansions
54	Songadh fort	970	Water cisterns and 3-4 caves,rock cut steps
55	Premgiri fort	779	Water tank, temple
56	Pisolgad fort	1062	3 water tanks, trekking
57	Parvatgad fort	843	3-4 dried stone carved tanks and a big dried lake
58	Mordhan fort	1055	Hill fort, Trekking,
59	Koldeher fort	988	Old rock cut store houses and walls
60	Khairai fort	624	Large water cistern,some ruins of fortification
61	Dubera fort	1121	Hill fort,Trekking, water tank,temple
62	Bhilai fort	1054	Water tank and the beautiful temple
63	Mesana fort	634	Hill fort
64	Karhegad fort	928	Carved water tank

Buy your books fast and straightforward online - at one of world's fastest growing online book stores! Environmentally sound due to Print-on-Demand technologies.

Buy your books online at
www.morebooks.shop

Compre os seus livros mais rápido e diretamente na internet, em uma das livrarias on-line com o maior crescimento no mundo! Produção que protege o meio ambiente através das tecnologias de impressão sob demanda.

Compre os seus livros on-line em
www.morebooks.shop

Printed by Books on Demand GmbH, Norderstedt / Germany